寧城老窖
国酒品质
寧城
NINGCHENG
中华老字号会员单位
U0212907
品牌形象代言人 著名歌星韩磊
至尊经典
寧城老窖
内蒙古顺鑫宁城老窖酒业有限公司
招商热线：0476-4800998 4800537

序

中国是一个拥有五千年历史的文明古国，深厚的历史文化孕育了古老的民族经济，形成了我国民族经济的瑰宝—中华老字号。

老字号承载着中国传统文化的精髓，是民族文化的历史积淀。每一个老字号都是一本厚厚的历史书，每一页都承载着一段悠久而辉煌的过去，老字号是我们民族经济的骄傲。

创新是民族进步的灵魂，是一个国家兴旺发达的不竭动力，创新是品牌成长与壮大的核心，创新是老字号立于不败的根本。根据不断变化的外部环境和消费需求，以变求新，顺应时代潮流，是老字号企业生生不息、长生不老的源泉。

“路漫漫其修远兮，吾将上下而求索”。在中国经济发展进入新常态的形势下，我们要坚持弘扬中华民族文化，发展民族经济，增强国人的民族自豪感和自信心。祝愿我国民族经济的优秀代表—中华老字号做强做大，立于世界经济之林，为实现中华民族伟大复兴的中国梦做出应有的贡献。

中国商业联合会会长 张志刚

2015 年 2 月 12 日

前　言

中华老字号承载着中华民族悠久的历史文化，在其长期的经营过程中形成了独具特色的工艺与产品，理念与文化。老字号带来的不仅是辉煌的历史，也经历了在市场竞争大潮中生存和发展的挑战。面对中国经济发展进入新常态的今天，在保证质量、诚信、传统的同时，中华老字号还需要创新时尚，适应时代发展的步伐。没有传承就没有老字号，没有创新就没有老字号的发展。中华老字号的未来在于创新，创新是老字号生命的源泉，是中华老字号经久不衰的灵魂。

2013 年举办的第一届中华老字号时尚创意大赛，取得了圆满的成功，参赛作品展示了中华老字号企业传承创新的成果和浓厚的文化底蕴，推动了中华老字号企业的传承创新发展。

2014 中华老字号时尚创意大赛继续秉承第一届中华老字号时尚创意大赛以中华老字号传承经典文化、引领时尚潮流为主题，以推动中华老字号创新与现代市场需求进行有效对接为出发点，旨在不改变品牌形象核心产品传统认知的情况下，通过对老字号始创产品和产品包装的时尚创意，激发受众对老字号的新感受、新体验，增强消费者对老字号产品的品牌认同，提振中华老字号品牌信心，提升中华老字号品牌的知名度和美誉度，为弘扬传统文化，振兴民族品牌做出新贡献。

本次大赛组委会根据作品类型，将参赛作品分为中华老字号始创产品时尚创意和中华老字号产品包装时尚创意两大类，各设金奖 5 名、银奖 15 名、铜奖 30 名，经过各地方老字号协会组织的初赛、网上公示、消费者网上投票、专家评审四个阶段，共评选出 100 件获奖作品。

为了更好地传承中华传统文化和技艺，本次大赛增设了中华老字号传统工艺手工制作奖，设金奖 1 名、银奖 2 名、铜奖 3 名。

本书将获奖的 106 件作品汇集成册，以供业内人士互相借鉴，社会各界赏阅点评，希望这次大赛和本书能够对中华老字号的创新与发展起到积极的推动作用。

此次活动受到全国各省市有关部门的领导及北京市、上海市、天津市、重庆市、广东省、浙江省、福建省、昆明市、苏州市等地方老字号协会的大力支持和积极参与。在此对所有参与者表示深深地感谢！

中国商业联合会中华老字号工作委员会
中华全国商业信息中心
北京市西城区商务委员会
安惠民

目 录

传统工艺手工制作

金奖

银奖

铜奖

金 奖

始创产品

产品包装

银 奖

始创产品

产品包装

铜　奖

始创产品

产品包装

2014 中华老字号时尚创意大赛

CHINA TIME-HONORED BRAND AND DESIGN FASHION SHOW

获奖作品集锦

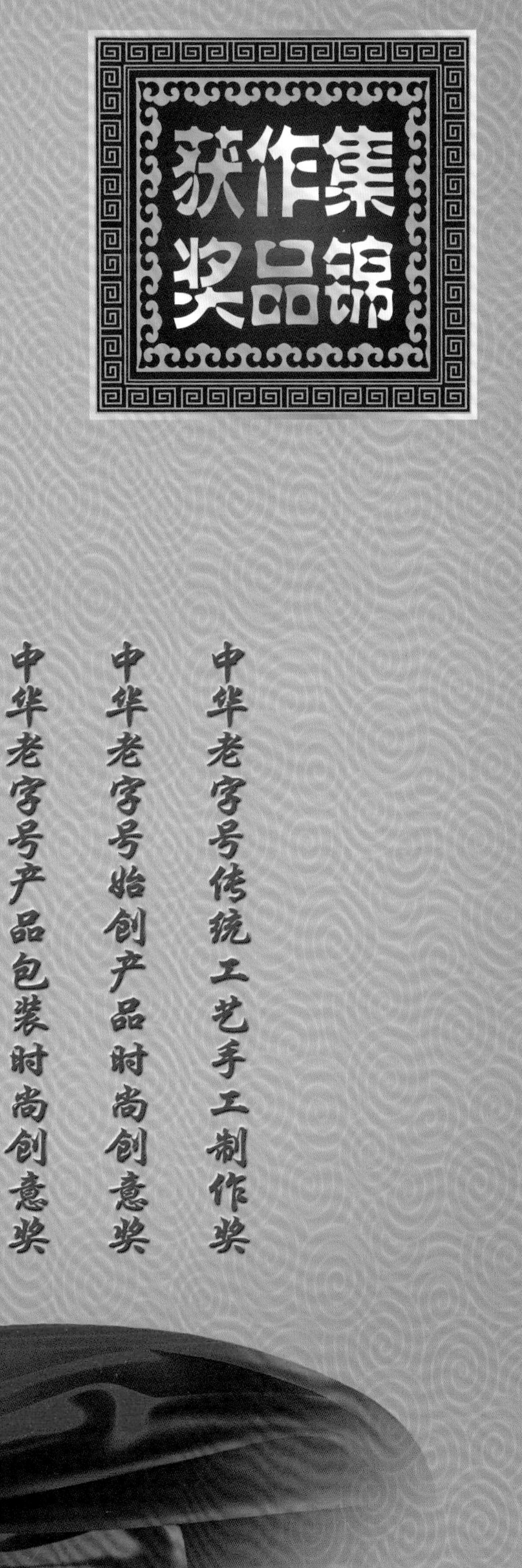

中华老字号传统工艺手工制作奖

中华老字号始创产品时尚创意奖

中华老字号产品包装时尚创意奖

2014 中华老字号时尚创意大赛

CHINA TIME-HONORED BRAND AND DESIGN FASHION SHOW

获奖作品集锦

薄胎双耳瓶

获奖单位：苏州子冈玉坊手工艺品有限公司
设计作者：雷娟

薄胎瓶采用优质青玉，玉质莹润细腻、致密纯净，造型规整古朴，薄如蝉翼、声如石磬、轻若鸿毛、亮似琉璃，让人爱不释手。工艺上以剔地阳工浅刻加以浅刻阴线功勾勒为主要手法，器型丰满简洁，瓶体浮雕缠枝花瓣纹，线条婉转流畅，秀逸华美。

薄胎技艺是玉器行中最高深的工艺，要达到“在手疑无物，定睛知有形”的境界很难，要求琢玉者“艺高人胆大”，往往肉眼看不见，全凭感觉来操作。

作品器型沉稳端庄，雄健浑厚。鼓腹、双耳，制口严丝合缝，形制规整、对称，纹饰线条柔婉、流畅，疏密有致。整器玉质细腻光润，造型典雅古朴，雕工圆润精湛，实乃精美器皿。

2014 中华老字号时尚创意大赛

CHINA TIME-HONORED BRAND AND DESIGN FASHION SHOW

获奖作品集锦

木版水印《阿诗玛》

获奖单位：荣宝斋
设计作者：木版水印中心

荣宝斋木版水印工艺制作的《阿诗玛》，忠实于黄永玉先生《阿诗玛》组画为设计初衷，采用木版水印勾描、刻版、印刷、装帧等传统工艺，所使用的材料纸张为红星特净皮，墨即云龙墨，用册页形式将十幅画作串联成一个整体。

册页封套突破传统工艺使用的宋锦和纸质名签等材质，分别敷以经黄永玉先生亲自遴选的颇具少数民族特色的彩色条纹麻布和蓝色麻布，采用独特压凹镶嵌技艺将阿诗玛头像镶嵌于册页封面内，作品外观与册页内容相互呼应，相得益彰，整体感强烈；册页名称采用在布面上烫金使其更具现代感。《阿诗玛》木版水印作品创新采用并融入更多时尚元素，比传统作品更加靓丽，更加具有视觉冲击力。

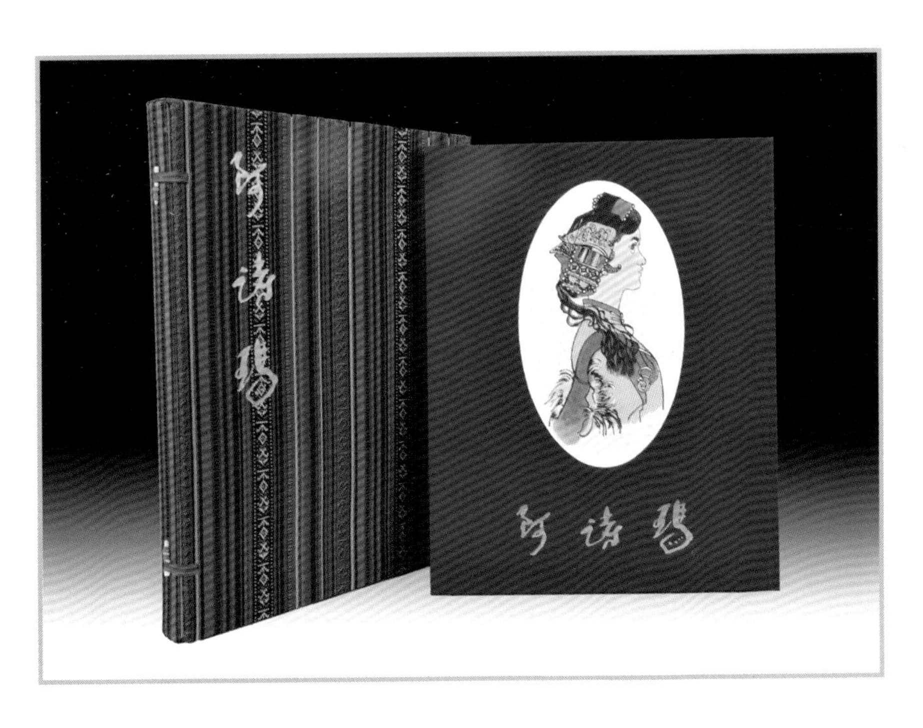

龙水漆篮金装圆形盘盒

获奖单位：福建省永春县龙水漆篮工艺有限公司
设计作者：郭志煌

龙水漆篮是福建永春县著名的民间传统纯手工艺制品，号称“桃园一绝”。明朝正德年间诞生在仙夹镇龙水村，固有“龙水漆篮”之称。早期的龙水漆篮，既有实用性，又有观赏性，在国家省市级博物馆均有收藏。现代的产品随着市场的变化，消费水平的提高，已经慢慢走向了具有艺术欣赏价值的收藏品。2009 年龙水漆篮被列入福建省非物质文化保护名录。

材料选用：细竹丝，桐油灰，脱胎漆，24k 金箔。制作用竹艺和漆艺融于一体。最大的特点是纯手工制作。制作过程用细如琴弦的竹丝编成圆形盘盒，因而特别轻便。用桐油和细如面粉的泥土拌成油灰抹在盘盒的关键部位，因而特别坚固。用脱胎漆漆上盘盒，绘以人物图画、描金、堆雕等，因而特别贵气，工艺相当繁复。

2014 中华老字号时尚创意大赛

CHINA TIME-HONORED BRAND AND DESIGN FASHION SHOW

经典手工缝绱皮底系列皮鞋

获奖单位：北京同升和鞋业有限责任公司
设计作者：北京同升和鞋业有限责任公司

同升和是一家拥有 100 多年历史的老字号专业鞋店。

同升和的经典布洛克雕花手工缝绱皮底花头皮鞋，选用优质胎牛皮和优质羊绒皮革，采用同升和独特的手工工艺精工细作，历经 100 余道工序缝制而成，它是优质材料、独特设计和大师手工倾心制作的完美结合，更彰显穿着者的尊贵和时尚的气质。

同升和手工擦色缝绱皮底素头皮鞋（宝蓝、油黄两色）

这款手工擦色缝绱皮底素头皮鞋，皮料选用优质胎牛皮胚。根据顾客喜好手工擦色，采用同升和独特的手工工艺精工细作，历经 100 余道工序缝制而成，是优质材料、时尚设计和大师手工倾心制作的完美结合，彰显穿着者的时尚品位。

茉莉玉芽

获奖单位：北京张一元茶叶有限责任公司
设计作者：北京张一元茶叶有限责任公司

茉莉玉芽原料产自四川省，茶叶原料为明前采摘鲜嫩茶芽，配以鲜爽浓醇的茉莉鲜花，按张一元独特窨制工艺制作而成。成品玉芽外形芽叶匀整，叶底黄嫩明亮，香气馥郁高长，汤色鲜亮，滋味醇厚鲜爽。茉莉玉芽的面市弥补了中高档花茶有鲜爽度，有香气，但是缺乏浓度的弊端。香气持久，茶叶耐泡，非常适合追求品质，但喜好喝浓茶的消费者。

茉莉玉芽的包装方式采用定量品鉴包的形式，生产时采用国内最先进的全自动分装机进行分装，既保证了生产环节和使用环节的卫生，又可以定量分装，极大地方便了消费者享用。

御窑金砖书法练习砖

获奖单位：苏州市相城区陆慕御窑砖瓦厂
设计作者：金瑾

御窑金砖书法练习砖是由苏州陆慕御窑砖瓦厂生产的御窑金砖新品。其制作工序达二十九道之多，制坯程序之细，烧造技艺之精，用工费力之多，生产周期之长，标准要求之高，加上成品概率之低，使得这种看似与普通青砖无异的细料方砖，在明清时期成了名副其实的“金”砖，以致“一两黄金一块砖”的说法在民间广为流传。

用纸墨书写之前先蘸清水于金砖练习，对熟练掌握运笔技术、提高书法兴趣尤其有效。以金砖替代纸墨，不仅节能环保，更可避免练习初期的涂鸦和脏乱。制作精良的金砖，嵌入特制的古典条案，让人浸润于传统之中，被称为“永久性书写练习纸”，并有独特的收藏价值。

2014 中华老字号时尚创意大赛

CHINA TIME-HONORED BRAND AND DESIGN FASHION SHOW

获奖作品集锦

善法布施

获奖单位：苏州子冈玉坊手工艺品有限公司
设计作者：雷娟

寓意美好雕工精湛的麻花玉镯和佛手莲花相结合，恰似佛祖在布施善法，浑然一体，实在巧妙。麻花镯便是被赋予吉祥如意，康泰平安之象征的圣物。

该麻花玉镯线条和畅，古朴简约，雕刻精细，质地均一，边缘处理干净利落，展现了十分扎实的苏式琢玉工艺技法。轻轻地搭在佛手之上，恰似无量佛祖正在将吉祥如意和康泰平安撒播向人间。作品图中佛手、麻花和芝莲组成了“花开见佛”的寓意：安心超然，似看尽尘世纷纷扰扰，寻求到心底一丝平和；莲花绽放得极为安闲，似无欲无求，清静无染、自在解脱。整件作品第一眼就已经感受到佛家平和心境和洞悉一切的大智慧。

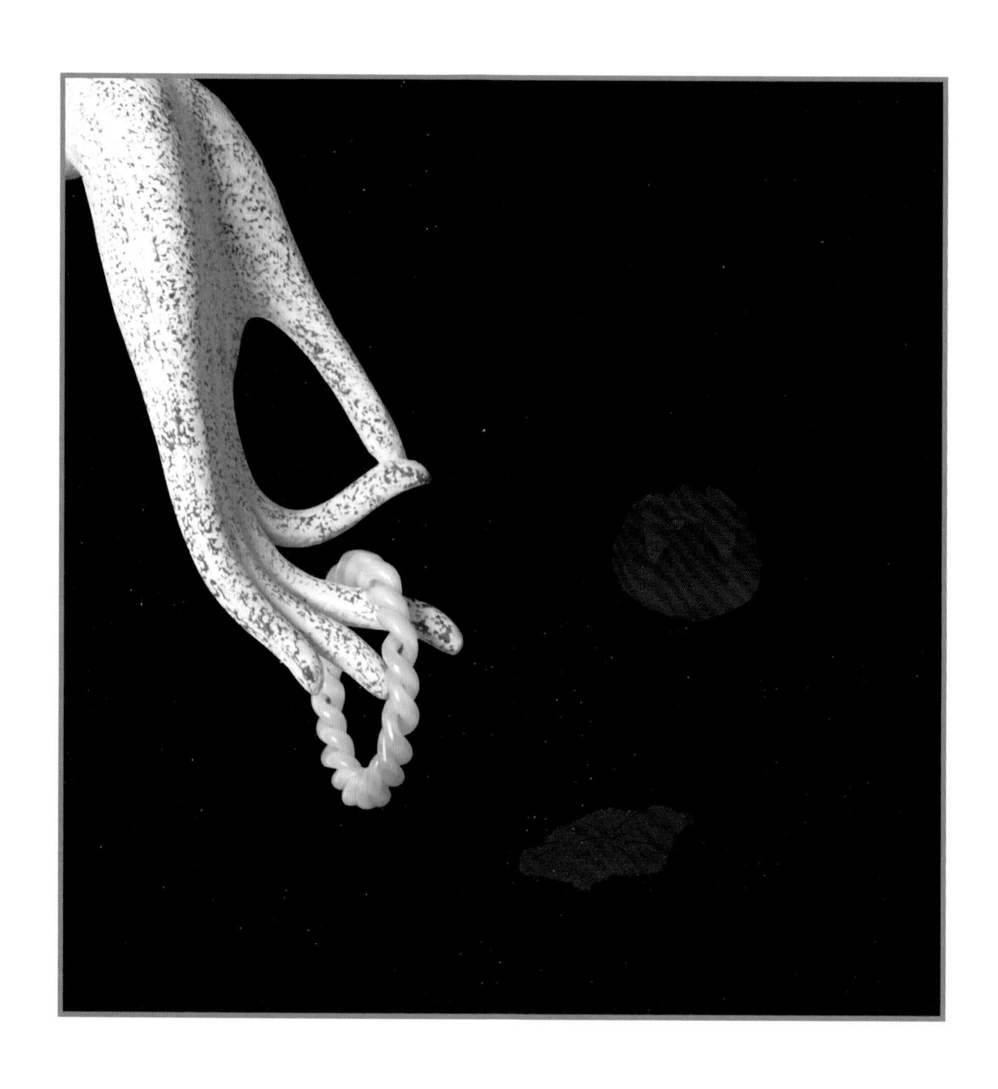

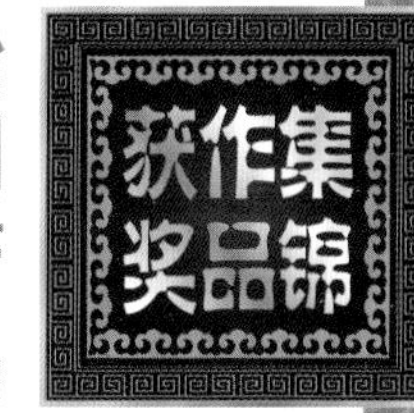

凤凰酷飞车

获奖单位：上海凤凰自行车有限公司
设计作者：刘弘　李正道

凤凰酷飞车在保留传统车经典架型的基础上，在原有车架上融合复古、时尚的设计风格和具有新时代特征的轻型零部件。酷飞系列产品使用轻量化铝合金车圈和细巧的车胎、人体工学造型的 PU 发泡鞍座，使骑乘更稳定舒适；同时加入 Shimano 的 7 级变速系统，变速轻巧顺畅，满足都市人出行轻松便捷的需求。酷飞车外形依然采用精巧的圆形管材和原有贴花，使用环保水溶性烤漆，具有耐水、耐磨、耐老化等特点。该车的车架、车圈、鞍座和把手可选用不同的色彩涂装，使产品整体感官炫彩夺目，满足都市人群时尚小资的现代需求和怀旧人士对于经典凤凰车的喜爱，将传统代步工具变为“时尚、健康、休闲”的环保产品。

龙水漆篮金装圆形盘盒

获奖单位：福建省永春县龙水漆篮工艺有限公司
设计作者：郭志煌

龙水漆篮是福建永春县著名的民间传统纯手工艺制品，号称“桃园一绝”。明朝正德年间诞生在仙夹镇龙水村，固有“龙水漆篮”之称。早期的龙水漆篮，既有实用性，又有观赏性，在国家省市级博物馆均有收藏。现代的产品随着市场的变化，消费水平的提高，已经慢慢走向了具有艺术欣赏价值的收藏品。2009 年龙水漆篮被列入福建省非物质文化保护名录。

材料选用：细竹丝，桐油灰，脱胎漆，24k 金箔。制作用竹艺和漆艺融于一体。最大的特点是纯手工制作。制作过程用细如琴弦的竹丝编成圆形盘盒，因而特别轻便。用桐油和细如面粉的泥土拌成油灰抹在盘盒的关键部位，因而特别坚固。用脱胎漆漆上盘盒，绘以人物图画、描金、堆雕等，因而特别贵气，工艺相当繁复。

四神瓦当

获奖单位：陕西西北金行有限责任公司
设计作者：胡佰平

四神瓦当制作中包含了绘画、书法、雕刻等技艺，是中国古代艺术品中的瑰宝，具有研究和收藏价值。西北金行积极挖掘陕西的历史，用文物和贵金属的完美结合来推广陕西文化，产品受到各地消费者、收藏者的好评。

木版水印《阿诗玛》

获奖单位：荣宝斋
设计作者：木版水印中心

荣宝斋木版水印工艺制作的《阿诗玛》，忠实于黄永玉先生《阿诗玛》组画为设计初衷，采用木版水印勾描、刻版、印刷、装帧等传统工艺，所使用的材料纸张为红星特净皮，墨即云龙墨，用册页形式将十幅画作串联成一个整体。

册页封套突破传统工艺使用的宋锦和纸质名签等材质，分别敷以经黄永玉先生亲自遴选的颇具少数民族特色的彩色条纹麻布和蓝色麻布，采用独特压凹镶嵌技艺将阿诗玛头像镶嵌于册页封面内，作品外观与册页内容相互呼应，相得益彰，整体感强烈；册页名称采用在布面上烫金使其更具现代感。《阿诗玛》木版水印作品创新采用并融入更多时尚元素，比传统作品更加靓丽，更加具有视觉冲击力。

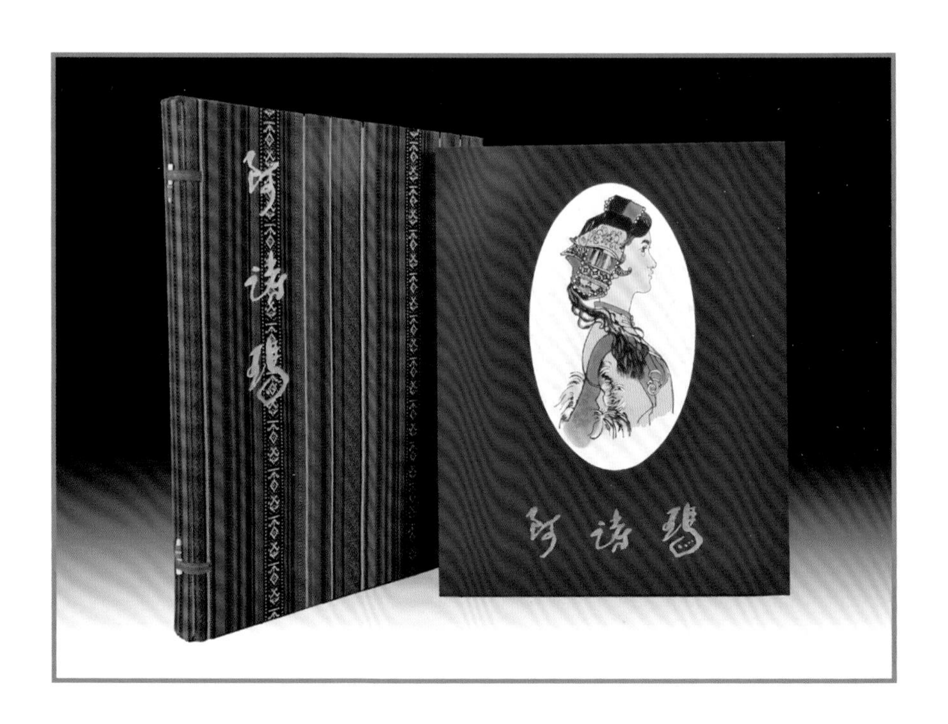

明祥·官纹

获奖单位：北京隆庆祥服饰有限公司
设计作者：北京隆庆祥服饰有限公司

隆庆祥选择文官的上三品的图案作为隆庆祥包装的图案元素，体现隆庆祥服饰文雅、高贵、时尚的气质。

锦鸡：锦鸡亦称“金鸡”，传说能驱鬼避邪，有一呼百应的王者风范，绣在帝王的礼服上，也叫做“华虫”，表示威仪和显贵。

孔雀：在古人看来，不仅羽毛美丽，而且有品性，是一种大德大贤的“文禽”，也是吉祥、文明、富贵的象征。

云雁：云雁飞行的规律性寓意礼节的次序，象征：飞行有序，春去秋来，佐天子四时之序。

灵感原型：锦鸡

锦鸡演变图形

灵感原型：孔雀

孔雀演变图形

灵感原型：云雁

云雁演变图形

2014
中华老字号时尚创意大赛

CHINA TIME-HONORED BRAND AND DESIGN FASHION SHOW

获奖作品集锦

薄胎双耳瓶

获奖单位：苏州子冈玉坊手工艺品有限公司
设计作者：雷娟

薄胎瓶采用优质青玉，玉质莹润细腻、致密纯净，造型规整古朴，薄如蝉翼、声如石磬、轻若鸿毛、亮似琉璃，让人爱不释手。工艺上以剔地阳工浅刻加以浅刻阴线功勾勒为主要手法，器型丰满简洁，瓶体浮雕缠枝花瓣纹，线条婉转流畅，秀逸华美。

薄胎技艺是玉器行中最高深的工艺，要达到“在手疑无物，定睛知有形”的境界很难，要求琢玉者“艺高人胆大”，往往肉眼看不见，全凭感觉来操作。

作品器型沉稳端庄，雄健浑厚。鼓腹、双耳，制口严丝合缝，形制规整、对称，纹饰线条柔婉、流畅，疏密有致。整器玉质细腻光润，造型典雅古朴，雕工圆润精湛，实乃精美器皿。

抹茶味 / 原味年轮蛋糕

获奖单位：北京吴裕泰茶业股份有限公司
设计作者：北京吴裕泰茶业股份有限公司

年轮蛋糕源自德国的甜品，层层的花纹横断切开时呈现了特征性的金色环圈，使之得“年轮”之名，它是欧洲多个国家的知名点心，被视为“蛋糕之王”。

吴裕泰将绿色健康的饮品——茶叶，成功地引进年轮蛋糕中，研发出抹茶味年轮蛋糕。口感不甜腻，色泽嫩绿鲜活，悠悠茶叶香，清新淡雅。产品采取前沿的技术，将茶粉加入年轮蛋糕中，使蛋糕丝毫不带颗粒感，细腻绵软。它成功地突破了人们的传统观念，茶叶不仅是饮品还可以是香传万里的年轮蛋糕食品。

经典手工缝绱皮底系列皮鞋

获奖单位：北京同升和鞋业有限责任公司
设计作者：北京同升和鞋业有限责任公司

同升和是一家拥有 100 多年历史的老字号专业鞋店。

同升和的经典布洛克雕花手工缝绱皮底花头皮鞋，选用优质胎牛皮和优质羊绒皮革，采用同升和独特的手工工艺精工细作，历经 100 余道工序缝制而成，它是优质材料、独特设计和大师手工倾心制作的完美结合，更彰显穿着者的尊贵和时尚的气质。

同升和手工擦色缝绱皮底素头皮鞋（宝蓝、油黄两色）

这款手工擦色缝绱皮底素头皮鞋，皮料选用优质胎牛皮胚。根据顾客喜好手工擦色，采用同升和独特的手工工艺精工细作，历经 100 余道工序缝制而成，是优质材料、时尚设计和大师手工倾心制作的完美结合，彰显穿着者的时尚品位。

青之古，金之今

获奖单位：北京菜市口百货股份有限公司
设计作者：沈罕

古与今的对比，青与金的融合，用现代的构成学的设计方法，将一种宝石的点、线、面的不同形态相互组合，从平面及色彩构成的角度，把青金石这种帝王般的青色有规律地重新展现出来，以及采用全新的设计及镶嵌方式，赋予了这种古老的宝石崭新的活力。

此套作品整体采用青金石、钻石及 18k 金打造，此系列采用传统全新的镶嵌方式，将青金石、钻石与贵金属相互融合。这种全新的镶嵌方式为“线镶”，利用力学作用将宝石与金属固定，展现出首饰发展的新工艺。

“青金石”色相如天，中国古代通常用青金石作为上天威严崇高的象征，发掘青金石的历史已经超过 6000 年。同一件事物在不同时代展现的特征虽不相同，但是同样给人们美学上的享受。

朱府铜艺·铜蚀刻唐卡

获奖单位：杭州金星铜世界装饰材料有限公司
设计作者：朱炳新

“朱炳新铜蚀刻技术”是铜艺一代宗师、金星铜掌门人朱炳新先生经过多年的科研、实验与实践的累积研发出来的，它不同于普通的凿刻，不同于浮雕，它能绘制出更精密且具凹凸感的图画，是当今铜艺术工艺一项重大技术发明。朱府铜艺·铜蚀刻唐卡将传统唐卡文化和当今最新的铜艺术技术“朱炳新铜蚀刻技术”结合，突破唐卡的卷轴画的形式，用铜蚀刻来展示不一样的唐卡，这不仅是唐卡的一大创举，也是铜艺术的一大创举，使古老文明的唐卡艺术文化焕发出新的光彩。

茉莉玉芽

获奖单位：北京张一元茶叶有限责任公司
设计作者：北京张一元茶叶有限责任公司

茉莉玉芽原料产自四川省，茶叶原料为明前采摘鲜嫩茶芽，配以鲜爽浓醇的茉莉鲜花，按张一元独特窨制工艺制作而成。成品玉芽外形芽叶匀整，叶底黄嫩明亮，香气馥郁高长，汤色鲜亮，滋味醇厚鲜爽。茉莉玉芽的面市弥补了中高档花茶有鲜爽度，有香气，但是缺乏浓度的弊端。香气持久，茶叶耐泡，非常适合追求品质，但喜好喝浓茶的消费者。

茉莉玉芽的包装方式采用定量品鉴包的形式，生产时采用国内最先进的全自动分装机进行分装，既保证了生产环节和使用环节的卫生，又可以定量分装，极大地方便了消费者享用。

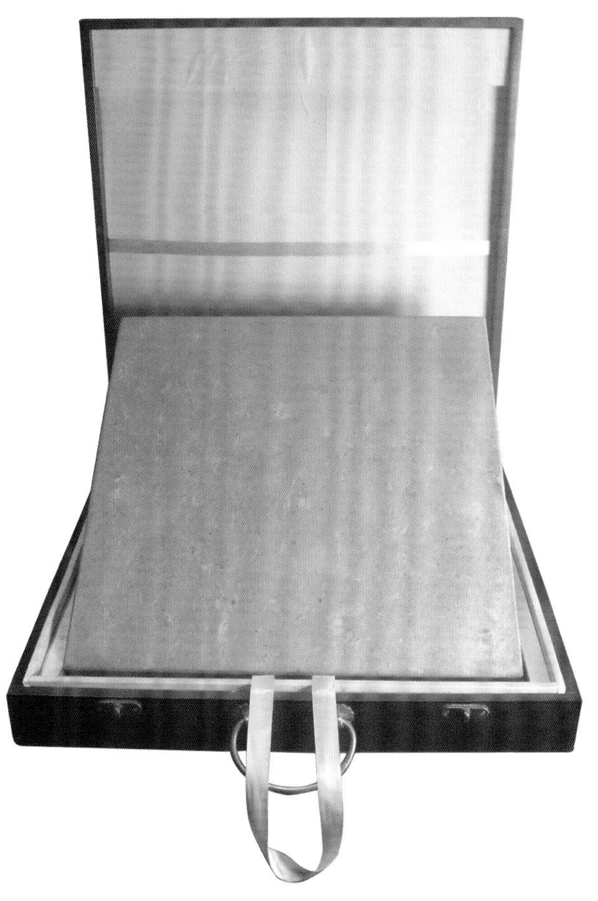

御窑金砖书法练习砖

获奖单位：苏州市相城区陆慕御窑砖瓦厂
设计作者：金瑾

御窑金砖书法练习砖是由苏州陆慕御窑砖瓦厂生产的御窑金砖新品。其制作工序达二十九道之多，制坯程序之细，烧造技艺之精，用工费力之多，生产周期之长，标准要求之高，加上成品概率之低，使得这种看似与普通青砖无异的细料方砖，在明清时期成了名副其实的“金”砖，以致“一两黄金一块砖”的说法在民间广为流传。

用纸墨书写之前先蘸清水于金砖练习，对熟练掌握运笔技术、提高书法兴趣尤其有效。以金砖替代纸墨，不仅节能环保，更可避免练习初期的涂鸦和脏乱。制作精良的金砖，嵌入特制的古典条案，让人浸润于传统之中，被称为“永久性书写练习纸”，并有独特的收藏价值。

倾国产品

获奖单位：上海金城隍庙钻金银楼有限公司
设计作者：上海金城隍庙钻金银楼有限公司

“倾国倾城”中的倾国，以优雅奢华、完美混搭及现代复古贯穿主题，绽放与众不同的时尚气息。精妙的设计体现雍容华贵，精巧的工艺展现温馨浪漫，精雕的线条则更是将女性的感性与性感完美交融。成就都会时尚女性华丽典雅而不失浪漫情趣的K-gold，再现古老的历史、异域的文化，从而缔造出一种特有的经典文化内涵。

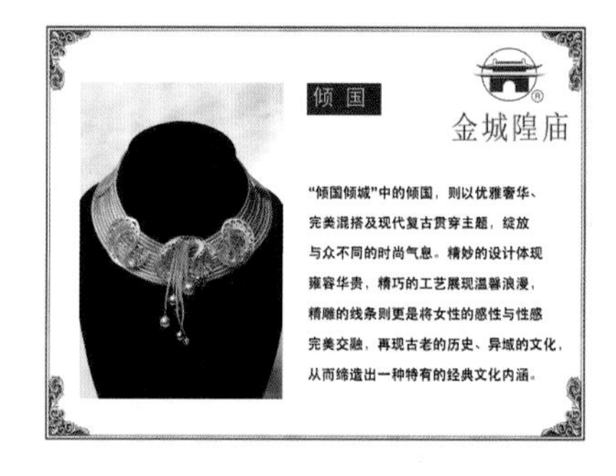

《华韵四季 情定北京》笔筒

获奖单位：北京市珐琅厂有限责任公司

设计作者：钟连盛

作品以北京独特的传统技艺——景泰蓝，表现了北京“槐香满城（春）、荷染京华（夏）、红映京都（秋）、瑞雪皇城（冬）”的四季风韵。创意新颖，打破了传统工艺的束缚，设计独特，时尚现代，工艺上大胆创新，工艺精美。作品富有浓郁的北京文化和鲜明的地方特色，艺术效果凸显，时代气息浓厚，作品实用、便携。

老红木螺钿镶嵌二胡（花样年华）

获奖单位：上海民族乐器一厂
设计作者：林飞

二胡，北方的民间乐器。始于唐代，已有一千多年的历史。

花样年华二胡的设计灵感来源于中国传统服饰旗袍，取其唯美流畅的曲线，在制作的时候曲线最难把握，多一点和少一点，都会影响到曲线的流畅性。花样年华打破了以往二胡常规繁琐的雕刻工艺，以现代简洁抽象为主，让我国的二胡更加世界化。二胡表面运用手工打磨工艺，经过 7 道打磨，坚持不上油漆，符合绿色环保理念。花样年华配以彩色螺钿镶嵌和流线型雕刻工艺，演绎出深厚的东方神韵。意蕴丰富的旗袍装饰与上千年的二胡文化相呼应，更加衬托出二胡的民族韵味。

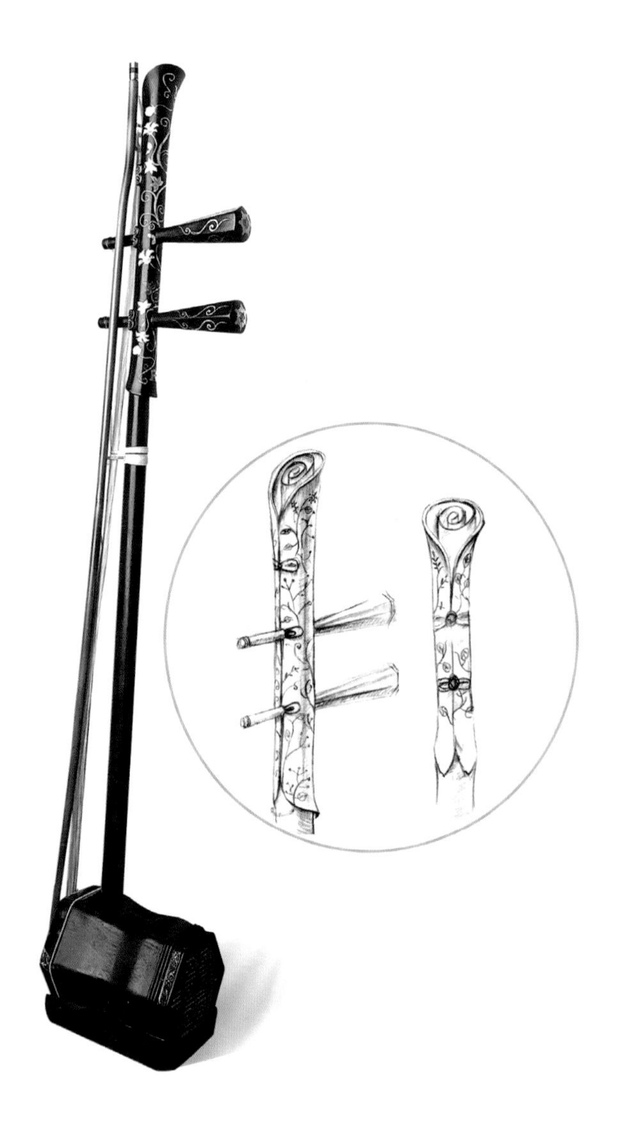

陈村粉及甜蜜椰汁红豆粉派

获奖单位：广东顺德黄但记食品有限公司
设计作者：郑干恒

“陈村粉”已作为顺德风味小吃，极富岭南特色食品，成为顺德人招待贵宾的特色食品之一。“花乡”陈村还举办过“陈村粉美食节”，使陈村粉与陈村花卉相辉映，体现岭南传统美食的加工工艺和传统美食文化。

传承近百年的陈村粉，传统菜式主要有牛腩陈村粉、斋捞陈村粉，以满足顾客的荤素不同需求。如今，发展到有更丰富的菜式，如煎酿陈村粉、荷叶蒸陈村粉等；黄但记率先研究派类食用方式，采用时尚原料：椰汁、红豆，结合陈村粉，辅以炒芝麻粒，采用复蒸的烹饪方式，制成甜蜜椰汁红豆粉派，这一时尚创意产品，具有椰汁的细腻润滑、红豆的清香，融合陈村粉的滑、爽、薄、软，形成产品独特的甜蜜体验。特别受到时尚青年男女的喜爱。

苏州采芝斋铁盒装小酥饼

获奖单位：苏州采芝斋食品有限公司
设计作者：苏州采芝斋食品有限公司研发部

苏州采芝斋铁盒装小酥饼是百年老字号采芝斋推出的苏式休闲食品的精华，经综合搭配而成的礼品套装。集果仁酥、芝麻酥、葱油桃酥、椰香酥四种口味于一盒，适合不同需求的消费人群，是馈赠亲友和休闲旅行的理想食品。铁盒装小酥饼包装，设计主题：富贵大方、时尚典雅。设计风格上采用传统花卉图案文化元素，表现出富贵、古典视觉冲击，突出体现了苏州悠久的深厚文化底蕴。设计采用方正造型的铁盒包装，大方典雅，也易于储存，同时设计外拎袋包装，便于携带。是采芝斋礼盒系列包装中最受广大消费者喜爱的休闲食品包装之一。

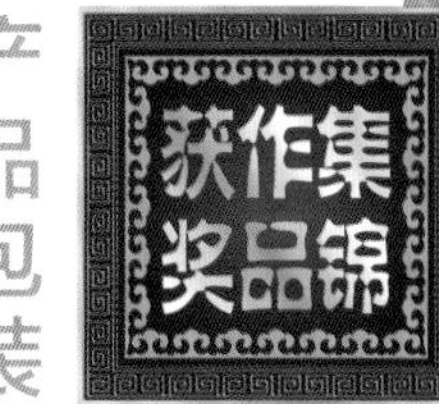

德州牌扒鸡·精品 1956

获奖单位：山东德州扒鸡股份有限公司
设计作者：山东德州扒鸡股份有限公司

产品为纪念 1956 年公私合营时期德州十三家扒鸡老号、56 名扒鸡传人加入国营食品公司德州分公司而推出。包装以此史实为背景，以大气磅礴、古色古香的底色，烘托出 1956 年前后的时代特色。

据《德州史志》记载：“津浦铁路和石德铁路的先后通车，德州成为水陆交通的一个枢纽。来往客商的增多，扒鸡制作遍布城乡，成为支撑这一方经济的主业，销路也延伸到大江南北。”包装即以此史实为事件，以“东方红”号火车头和在火车站购买扒鸡的场景为画面主体，完美体现了德州扒鸡历史上承前启后的关键阶段。

凤凰企标和德州扒鸡的注册商标表明了产品系出名门，正宗传承。精品 1956 几个黑体大字凸显了产品的身份、品质、地位。

至尊经典

获奖单位：内蒙古顺鑫宁城老窖酒业有限公司

设计作者：曹 勇

龙，华夏民族的精神图腾。在中国古代，龙是尊贵、神秘、至尊的象征。

主辅元素：瓶腹中央以四相之一的青龙为元素，以祥云为辅助元素，通过青龙腾云的身姿传递了“祥云瑞气”、“紫气东来”的意境，表达了对每一个宁城老窖消费者的祝愿。同时也是宁城老窖企业对共建和谐社会的美好愿景。

瓶型：圆润、大肚的瓶身设计象征着大肚能容、胸襟宽阔之意。

瓶帽：瓶帽采用“冠冕”设计，象征着至尊，来表达对民族图腾的敬意！

“宁城老窖至尊经典”取至尊之意创意，整体调性沉稳、尊贵、典雅。以最好的酒品、最精湛的工艺设计给最尊贵的您视觉与味觉的完美感受！

新品腐乳礼盒

获奖单位：北京二商王致和食品有限公司
设计作者：北京二商王致和食品有限公司

“王致和”品牌创建于清康熙八年(公元1669年)，创始人王致和为一代儒商。

礼盒设计采用蓝罐包装，引用中国清朝官员官帽上顶戴花翎的内涵，彰显了王致和产品的王者风范。该产品一般为礼盒包装，有海鲜、孜然、麻辣、鲜香四种口味，从包装和口感上突破了传统的腐乳产品，同时针对各类消费群体，产品在王致和腐乳“细、软、鲜、香”的特点上，融入了多种风味，受到消费者喜爱，产品开罐即食。

黄但记酥类包装

获奖单位：广东顺德黄但记食品有限公司
设计作者：梁丽榕

在岭南，黄但记的发展过程中，当年粉铺里的蛋糕、糕点，一直是人们念念不忘的美食；如今以中式点心、餐点的形式展现在顾客面前，黄但记第三代传承人，秉承“继承传统、不断优化、永续发展”的经营理念，开创性地借助现代制造设备，奉献独具特色的新中式酥类食品，为顾客提供有岭南地方特色的手信、伴手礼产品。

在包装设计上，采用极富岭南文化特色的建筑风格作为辅助、以岭南特色窗花为包装主题，辅以岭南特色的彩绘，形成黄但记独具特色的产品包装风格；此包装风格，与黄但记产品相结合，融入岭南文化大范畴，成为传承、发扬岭南文化载体的一部分。

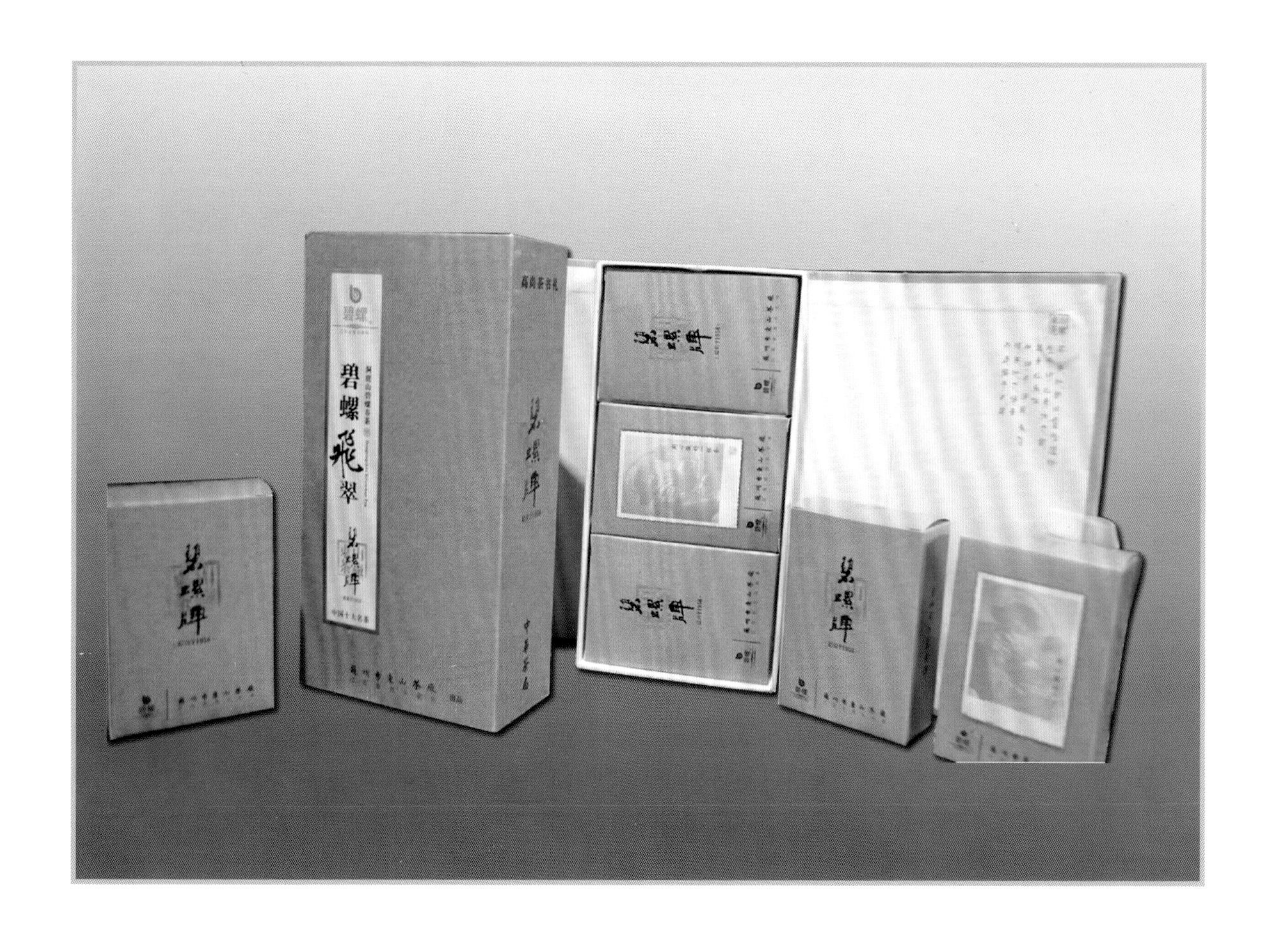

碧螺飞翠茶书礼盒——国茶礼盒

获奖单位：苏州市东山茶厂
设计作者：苏州市东山茶厂设计部

苏州市东山茶厂国茶礼盒，由两份古书籍包装盒构成，犹如古代的书本文案，每份古书籍内又有两册书式包装盒。礼盒采用牛皮纸印制，古色古香、绿色环保；打开礼盒，犹如翻开一本古书，解读东山茶厂创始历程及茶厂宗旨，欣赏古茶诗和了解茶的保健功效。国茶书式礼盒设计图案简洁，创意新颖，充分体现了苏州碧螺春茶悠久的文化内涵。

老城隍庙五香豆

获奖单位：上海老城隍庙食品有限公司
设计作者：上海老城隍庙食品有限公司

“老城隍庙五香豆”以盒装进行包装的，随手可得，又可以回收再利用，不但精致美观，而且体现了现代人健康环保的新理念，它携带轻便，又不失送人的气派。从硬度上来说，这种纸盒正好适合装五香豆，采用磨砂这种表面既有亮度又能够提升产品档次的材质。

根据“五香豆”包装产品的性质和重量来决定的，在造型上选择长方形的盒形，从形状上能够充分展现五香豆的特色，让人感受到地方民俗的食品文化。

在设计文字的时候把“五香豆”的品牌形象传达给消费者，“五香豆”是以传统形式设计包装，在图形设计中，收集了最具有上海地方特色的旅游景点——城隍庙“九曲桥”、豫园“湖心亭”为背景。

时尚北京系列产品

获奖单位：北京张一元茶叶有限责任公司
设计作者：北京张一元茶叶有限责任公司

百年张一元与时俱进，设计时尚、个性、便捷符合年轻人消费习惯的茶叶产品。

时尚北京系列产品是定位于现代都市白领和时尚年轻人群的茶叶产品，包含两种盒型，涵盖 6 个茶叶品种。

外观的设计选用了鲜明跳跃的颜色，每一个颜色代表一个茶种，活泼的设计风格彰显了年轻人的朝气蓬勃。同时将具有设计感的中国传统书法与时尚的北京元素相结合，实现了传统与现代两种设计语言的融合，在包装外观设计中起到了承接传统与现代的作用。

传统茶叶的泡饮方式取茶和倒茶都比较繁琐，不符合年轻消费者的使用习惯。所以在茶叶的内包装形式上采用三角立体包和品鉴包的形式，极大方便消费者饮茶，提升了对产品的体验。

乌梅人丹

获奖单位：上海中华药业有限公司
设计作者：刘宁馨

葫芦有很好的寓意：

—— 福、禄、万、生、升的谐音。福、禄与福禄因谐音用“葫芦”表示。

乌梅人丹是一种功效确切、服用方便、安全性高的中成药。乌梅人丹生津解渴，清凉润喉。用于口臭、口干、咽痛等，也可用作咽炎和扁桃体炎的辅助治疗。四季必备可保四季平安，与葫芦的寓意相得益彰。当消费者使用完乌梅人丹，葫芦造型的包装瓶还可以作为装饰品，具有一定的观赏价值。

设计方案：以乌梅人丹保“四季平安”为出发点，结合它的特征，选用白色的葫芦瓷瓶，说明乌梅人丹的纯正和安全无害，再搭配水墨效果的乌梅插画。整体风格为简约、中国古典风格。

正面由产品名称和中国传统纹样组成。反面由“龙虎”标志和乌梅果水墨插画组成。

马上封侯·马上福

获奖单位：北京顺鑫农业股份有限公司牛栏山酒厂
设计作者：北京顺鑫农业股份有限公司牛栏山酒厂

以红色为主调，是北京文化的结合；以金色为点缀，是富贵吉祥的祝愿。红色与太阳前行，金色与星辰相映；红金搭配，相得益彰！

瓶圆盒方，打造内圆外方的格局；三层方形层层堆叠，辅之以透明玻璃；方为构架，圆为内容，内外共存；寓意容纳着干净透彻的大千世界，包容万物，生生不息。

马强健不息，毛猴跨骏马而行，是马上封侯的最佳诠释，辈辈封侯的最好祝愿；猴子身着官服，佩戴印章，蕴涵封侯挂印，加官进爵之意；正应：天子之骏驰骋万里，和田玉马寓意祥瑞。马上封侯流传千古，灵猴挂印高唱欢和。

“蝙蝠”寓意“遍福”，蝙蝠飞临则寓意“进福”，此乃如意或幸福绵延无边，骏马身上有蝙蝠，寓意“马上得福”。正如：腾云驾雾而飞奔，双翅翱翔九万里。福寿双全家家会，马上来福喜登门。

舒缓减压礼盒

获奖单位：上海中华药业有限公司
设计作者：刘亭玉

产品在设计思路上，主要从两个方面进行创意，即：美感与通感。

通过美感唤起消费者关注，进而吸引消费者兴趣。配合舒缓礼盒这一特性，整体色调选用了大气的米色和咖啡色系，给人温馨、安宁的感觉。精美的植物印花既起到点缀美化的效果，又强化了产品天然植物萃取这一特点。内包装设计选用了棕色的磨砂玻璃瓶，一方面可以保持产品功效性能的稳定，另一方面棕色的沉稳大气，配合烫金工艺，使产品显得高档精美，令人爱不释手。全套产品整体色彩搭配和谐、流畅，充满现代感。

除了颇具美感的表达，同时还充分体现了产品的明确功效。为了突出产品的卖点“含有名贵植物精油金盏花”，设计了一朵独特的写意金盏花花型，帮助消费者更好地理解产品的功能特性（从生理与心理上进行双重舒缓减压）。整体设计图文并茂，生动活泼，形成了图形、色调设计上和产品功效上的呼应与通感。

陆羽煮茶

获奖单位：苏州子冈玉坊手工艺品有限公司
设计作者：雷娟

此腰佩由一大块和田白玉雕就，玉质细腻，色泽白润。正面以平面减地的浅浮雕雕就“陆羽煮茶图”，颇具清新高雅之意蕴。画面右侧主峰居下，由近及远，山峦重重相拥，愈堆愈高，结构清楚，层次分明。左侧一簇枝桠斜探而出，偃仰多姿。枝杈之下，茶圣陆羽在细心烹茶，表情神态栩栩如生。与其弟子似传道授业，又似谈经解惑。石墩之上的茶具凹凸圆润，羽扇纤毫毕现。背面以阴刻之手法具化一朵牡丹，细腻而又不失大气之风。

此佩构图疏朗有秩、气格清雅、意境融彻、雕作细腻，给人以静谧，润朗之感。

玉龙出海

获奖单位：苏州子冈玉坊手工艺品有限公司
设计作者：雷娟

出海之猛龙，不怒而自威。该作品玉质细腻温润，糖色鲜亮统一，白度亦佳。

充分利用巧色巧雕，猛龙形态作古，昂首张望，踏云气，体态尽显威猛刚劲之美，貌相逼真，令人远观即可感受到力量之遒劲。两只龙爪踏浪冲出苍茫大洋，冲破云霄的气势让人叹为观止。玉蛟龙的柔美线条与周边海水之无际浩瀚，形成鲜明对比，颇有意境。作品布局合理，比例适中，立体感强，栩栩如生。

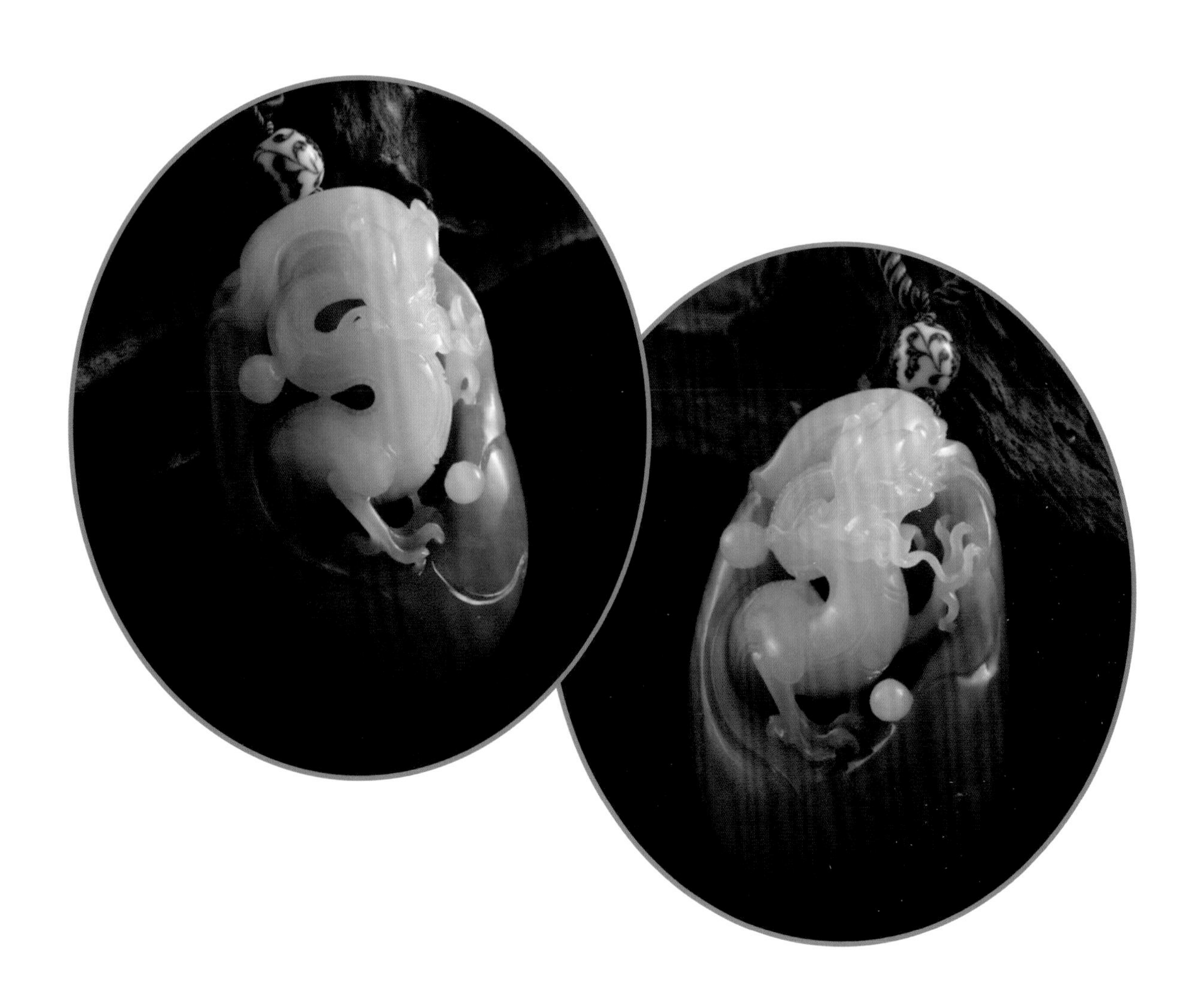

布艺十二生肖香囊

获奖单位：上海雷允上药业西区有限公司
设计作者：上海雷允上药业西区有限公司

香囊俗称“香袋”，多以色彩鲜明的丝织物缝制而成。青少年男女佩戴于身，取其芬芳并作为装饰。香囊的制作可以上溯到战国时期。雷允上传统香囊内装特选白芷、艾叶、辛夷、薄荷、冰片等天然中药香料，以药物之味，经口鼻吸入，使经脉大通，开窍醒神、化湿醒脾、辟秽悦神，而蛇虫闻之远遁，既减少了传染源，又可起到驱虫防病、清爽神志的作用。

雷允上创新开发，引入年轻群体比较流行的彩布玩偶工艺，用彩布裁剪拼接，以卡通形象为形，并配以钮扣、彩珠等装饰，开发了一整套形态可掬的布艺十二生肖香囊。整体形态时尚但又融入传统经典天然中药香料，深受崇尚自然环保和时尚年轻人的喜爱。

纯手工技艺纯银香薰球

获奖单位：苏州市恒孚首饰集团有限公司
设计作者：恒孚珠宝设计部

借鉴法门寺出土原大银薰球造型，独具匠心地运用全手工技艺錾花纹路，飞鸟枝蔓镂空图腾，古雅与时尚巧妙融合。纯银质地立体维度，穿透、唯妙。乃精艺摆件、舒缓身心上乘之选。

香薰球中心有燃香的香盂，由两个持平环支起，安装时使通过盂身的轴与内外两环的轴互相垂直并交于一点。在香盂本身重量的作用下，盂体始终保持水平状态，无论薰球怎样滚动，香火总不会倾洒，它的作用原理与现代航空陀螺仪的三自由度万向支架相同。故无论熏球如何转动，只是两个环形活轴随之转动，而香盂能始终保持水平状态。用同心轴固定住，小银碗不管何时都在最上面，使香盂中盛放点燃的香料，不致燃烧衣被。

京华茶系列

获奖单位：北京二商京华茶业有限公司
设计作者：李逢亮

从古至今，花草植物就是养生美容的佳品。《神农本草》、《中国药典》、《中药大辞典》等多部专业著作都详细记载了多种花卉的美容护肤、美体瘦身、健身养生等保健作用。

京华系列花草茶是北京二商京华茶业有限公司与中国中医药大学合作，根据不同花卉的保健功效及口味，合理搭配，是保持花草原有的生物活性，具有原生态的品质的产品。

选择一杯适合自己的、带着淡淡清香的花草茶，让它帮您养颜、养神，使人们一整天都沉浸在田野的气息之中，唤醒身体深处那远离自然已久的灵魂。不需要花费太多时间就能轻轻松松喝出美丽健康！

密码

获奖单位：北京菜市口百货股份有限公司
设计作者：沈罕

灵感来源于现在社会上一种新兴的电子传播方式，“二维码”，作为一种由传统印刷宣传品的衍生发展而来的一种新的事物，通过日常的扫一扫可以完成打车、订餐、下载软件、唱歌、订阅电子刊物等。材质及工艺特色：此件作品整体采用铂金制作，通过对钻石的不同镶嵌方式的结合，使其成为能够含有具体数字化信息的载体。不同的首饰都可以通过与电子设备的结合，可以使其承载更多的信息。

图案源于现在流行的“二维码”珠宝中可以包含一些纪念信息，通过不同的钻石排列和电子设备可以完整地呈现一套包含科技元素的晚宴装珠宝。设计自己有重要意义的信息经过设计排列，成为既可成为装饰图案的珠宝，也可以为自己记录重要的有纪念意义的信息载体，是有双重意义的新珠宝。

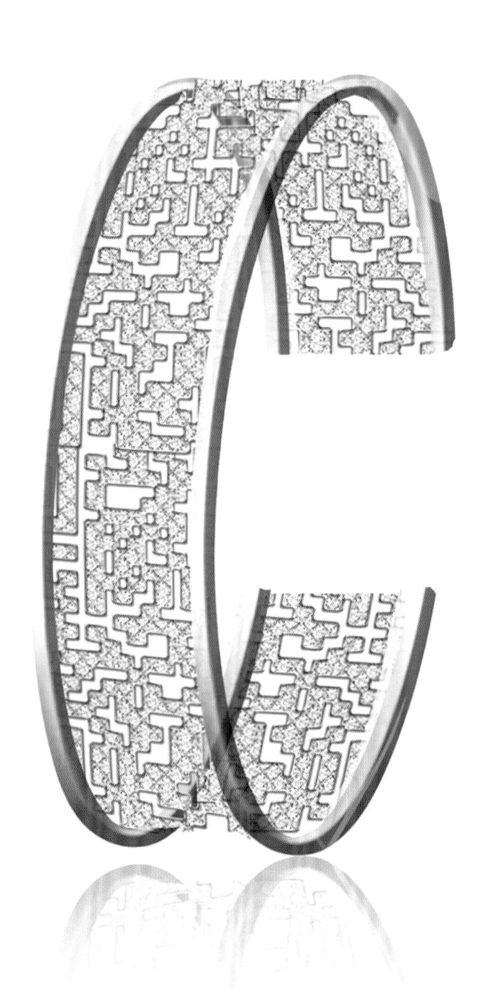

方便即食陈村粉

获奖单位：广东顺德黄但记食品有限公司
设计作者：王双喜

传承近百年的陈村粉，具有其显著特点：米香味浓郁、厚度很薄、韧性适中。“粉旦”后代探前路。作为陈村粉创始人“粉旦”的第三传人——黄汉标先生，在“黄但记”粉店坚持用传统工艺做鲜湿粉，风味不变，显得矜贵难得；传承传统工艺，结合现代机械装备，创新生产出可以冲泡即食的陈村粉，让更多人可以吃到这种风味食品。以满足可以冲泡即食为标准，在粉体形状、包装形式上，采取的是粉片厚度在 0.3 ~ 0.4mm 之间，粉片宽带在 4 ~ 5mm 之间，粉片长度为 25cm，方块形或圆饼形粉饼。产品上市后，得到消费者的接受，迎合消费者的这种感观认知，也就形成了陈村河粉系列产品。

金装 5 寸盛漆篮

获奖单位：福建省永春县龙水漆篮工艺有限公司
设计作者：郭志煌

龙水漆篮是永春县著名的民间传统纯手工艺制品，号称“桃园一绝”。明朝正德年间诞生在仙夹镇龙水村，固有“龙水漆篮”之称。早期的龙水漆篮，既有实用性，又有观赏性，在国家省市级博物馆均有收藏。现代的产品随着市场的变化，消费水平的提高，已经慢慢走向了具有艺术欣赏价值的收藏品。

材料取自细竹丝，桐油灰，脱胎漆，24k 金箔。竹艺和漆艺融于一体。最大的特点是：纯手工制作。用细如琴弦的竹丝编篮，因而特别轻便。用桐油和细如面粉的泥土拌成油灰抹在竹篮的关键部位，因而特别坚固。用脱胎漆漆上篮身，绘以图画、描金、堆雕等，因而特别贵气，工艺相当繁复。

三羊开泰

获奖单位：沈阳萃华金银珠宝股份有限公司
设计作者：沈阳萃华金银珠宝股份有限公司

此花丝摆件创意来源于中国传统文化“三阳开泰”，采用了中国非物质文化遗产的花丝工艺，通过一缕缕花丝的细腻灵动，将羊的形态塑造得更加鲜活可爱。

“三羊开泰”以公羊、母羊和小羊的形式，组成了一家三口，其中公羊昂首挺立、神情自信，象征男性的积极进取；母羊姿态优美、神态恬静，象征女性的柔媚优雅；小羊动态欢快，象征孩童的天真烂漫。整个作品通过对羊不同姿态的塑造，为构图增加了勃勃生气，使作品更加栩栩如生。其中加入的松柏元素，寓意人们事业长青、身体健康。聚宝盆则寓意财源广进、生活富足。整个作品意在祝福人们家庭和美，幸福安康。羊年大吉。

卤煮什锦火锅

获奖单位：北京小肠陈餐饮有限责任公司
设计作者：陈秀芳

卤煮什锦火锅外型雕龙刻凤，祥云点缀，镂空设计，上承宫廷气息，下接百姓地气。锅内用料丰富，猪心、猪肝、肺头、肚片、小肠、五花肉、豆腐、火烧等八种主料精致码放，以老汤炖制。观之，宛如一朵盛开的菊花，给消费者以美的视觉感受，诱发消费者的食欲；食之，美味可口，百食不厌。用酒精底火加热、保温，保证热度和口感。加涮时令蔬菜、鲜蘑等，荤素搭配，营养丰富，老少咸宜。配上清口小菜和佐料，客人可根据各自习惯添加。

亲朋聚会，点上一口热气腾腾的火锅，依个人喜好在锅内自由夹取，既能品尝到传统美味，又可感受到热闹、温馨、其乐融融的氛围。卤煮什锦火锅分大、小两种，一经推出就受到消费者好评，成为商务宴请、老百姓品尝特色的首选。

商务印书馆系列辞书

获奖单位：商务印书馆有限公司
设计作者：尹翔宇 李杨桦 高珊

《新华字典》第11版线装本：中西结合，连接古今，成就经典之作，体现文化传承，开启民族智慧。整套书分为六本，采用西式翻身，内文版式为横排简体，合理有效地保留了字典本身供人们检索、查阅字词的功用。装帧设计采用线装书的样式，古朴而典雅。正文选用安徽宣纸，红黑两色印刷，词目清晰、醒目，版面大气、干净，体现出工具书的性质和功能，便于读者翻阅。封面材质为真丝红绫，配以柳絮纹衬纸，古韵悠长。

《现代汉语词典》第6版：易象符号是中国设计之鼻祖，体现了中国设计的精髓。符合设计最高原则，即功能与美感的统一。这套书用易象符号作为设计的最基本元素，意图打破普通读者对传统意象的刻板认识，将古典符号以现代的形式加以表现。

《甲金篆隶字典》甲骨文、金文、篆文、隶书是早期汉字的主要字体，是中华民族优秀文化遗产。此书的各个组成部分保持了洁净、高雅、经典的一致性，文字与图像和谐、唯美，装帧形式特别适合内容。体现了书籍的质感，印制水平较高。以印章形式摆放封面图片十分富有想象力和设计个性。

青瓷

获奖单位：北京隆庆祥服饰有限公司
设计作者：北京隆庆祥服饰有限公司

《青瓷》创意灵感来源于将中国传统文化的典型代表元素青花瓷融入到服装中，花青瓷白的色彩晕染与纤巧柔和的别致设计使经典的套裙和中式立领的风衣散发出清丽端庄的古典魅力。

赏这一身天青色的温婉，看那如梦如诗的美丽情节，带着江南的风韵，在声声的细语中，在次次的凝眸中，随着青丝的华彩，在釉色的渲染中，勾勒出水墨的留白，打开了年华的相思。

随着前朝的飘逸，在青花瓷韵中，女子如含苞的花嫣然一笑，展开初妆的美丽。小小青果领衬着微倾的粉颈，引合着花瓣般的下摆，簇拥着纤纤楚腰，带着千年的秘密，散发出东方独具的优雅。青花瓷幻化的女子，优雅，清丽，含蓄，不张扬的美定格在瞬间。

春日芳菲

获奖单位：上海老庙黄金有限公司
设计作者：上海老庙黄金有限公司

春色绚烂，彩蝶纷飞。精湛的炫彩工艺展现出春日花朵的娇艳欲滴，高超的掐丝工艺构勒出叶片的细腻脉络。蝴蝶，是缘分蜕变的爱情，彩斑斓的蝴蝶在其间翩翩起舞。栩栩如生的鲜活之美，让女人如蝴蝶般美丽。在这繁花盛开的季节，为你采撷一抹翩然而至的情怀——春日芳菲。

花朵、蝴蝶，这些元素自然而然就让你想到了春天。设计师灵感源于大自然，在极具生命气息的春季，绽放的花朵和翩舞的蝴蝶们顺理成章地化为设计元素，化为春日芳菲里整个设计的核心，采用珐琅工艺的蝴蝶感觉是充满触感，色彩跃动；运用高难度掐丝工艺呈现叶脉纤薄又透明的真实新鲜感。

“豫园”梨膏糖

获奖单位：上海老城隍庙食品有限公司
设计作者：上海老城隍庙食品有限公司

“豫园”品牌梨膏糖是全国为数不多的不使用任何食品添加剂的传统特色食品，其特点：用料上等、加工精细、风味独特、品种众多。根据其特点，分为含中草药成分类梨膏糖和品尝类梨膏糖两大类。含中草药成分类梨膏糖采用苦杏仁、川贝母、桔梗、茯苓、制半夏、款冬花、前胡、枇杷叶、天花粉、紫菀等中药，辅以葡萄糖浆和白砂糖，经过多道工序，精细加工制作而成，其止咳、化痰、润喉、开胃之功效十分显著。

品尝类梨膏糖的品种不下 20 种，梨膏糖在创新中不断发展，产品线不断延伸，研发出胖大海梨膏糖、本草梨膏糖、百草梨膏糖等系列产品。实现了中国人文糖果之文化，它从取百草之精髓，熬传统梨膏糖饴，给予芸芸众生带来了健康。

中式晚装——露红、烟青

获奖单位：北京瑞蚨祥绸布店有限责任公司
设计作者：瑞蚨祥非遗技艺保护工作室

《露红》服装设计将瑞蚨祥传统旗袍设计中的镶嵌绲烫等中式旗袍手工艺与现代西方设计相结合，采用真丝织锦缎的面料。区别于一般的礼服，采用黄金比例剪裁，胸部以下收腰设计剪裁，下摆鱼尾型打开，胸部以上采用流线纱质面料，点缀亮红色金钻，朦胧优雅，全身采用中间拼接双色织锦缎面料，寓意吉祥如意，大胆采用大篇章的绿色，凸显中式服装中红绿双色的美意，彰显大气、和谐、别样的风采。

《烟青》服装设计将优雅的东方旗袍与新的时尚元素相结合，西为中用的元素设计，流线朦胧纱与风情独韵的立领盘扣积淀出上半身的优雅端庄，下半身的拖尾设计，通体玲珑的流线设计简约大气，勾勒出女性性感的线条曼妙的窈窕身姿。云锦面料的运用，制作精美，纹样典雅，是丝织传统品种里的佼佼者，配以中国红、祖母绿、高贵金三个主色，绘以精致的荷花祥云图案，营造奢华霸气的高贵品位。

马上封侯·马上福

获奖单位：北京顺鑫农业股份有限公司牛栏山酒厂
设计作者：北京顺鑫农业股份有限公司牛栏山酒厂

以红色为主调，是北京文化的结合；以金色为点缀，是富贵吉祥的祝愿。红色与太阳前行，金色与星辰相映；红金搭配，相得益彰！

瓶圆盒方，打造内圆外方的格局；三层方形层层堆叠，辅之以透明玻璃；方为构架，圆为内容，内外共存；寓意容纳着干净透彻的大千世界，包容万物，生生不息。

马强健不息，毛猴跨骏马而行，是马上封侯的最佳诠释，辈辈封侯的最好祝愿；猴子身着官服，佩戴印章，蕴涵封侯挂印，加官进爵之意；正应：天子之骏驰骋万里，和田玉马寓意祥瑞。马上封侯流传千古，灵猴挂印高唱欢和。

“蝙蝠”寓意“遍福”，蝙蝠飞临则寓意“进福”，此乃如意或幸福绵延无边，骏马身上有蝙蝠，寓意“马上得福”。正如：腾云驾雾而飞奔，双翅翱翔九万里。福寿双全家家会，马上来福喜登门。

水貂皮帽系列

获奖单位：北京盛锡福帽业有限责任公司
设计作者：李金善

手工皮帽制作起源于清朝，其皮质主要有海龙、水貂、水獭等，目前以水貂皮帽为主，此系列作品采用丹麦进口的水貂为原料的女士帽。经过挑皮、选料配活、平皮、吹风皮张等几十道传统手工制帽过程加工而成。

当复古气息盛行时，具有圆润弧度，整齐的蘑菇型水貂女帽也开始大热起来。其设计灵感来源于 20 世纪 20 年代风靡欧美的鲍勃发型。作品在传统水貂皮帽设计基础上，对帽子造型、色彩设计、材料设计进行的大胆创新，打造出老字号新流行的高档女士皮帽。皇冠帽设计灵感来源于中国明朝的的凤冠，用水貂缝制冠帽的各个部件体现出女性的雍容华贵。

鲜花饼

获奖单位：昆明桂美轩食品生产有限公司
设计作者：陈静　王东海

云南的鲜花饼开始于清代，传统工艺做法十分考究。采摘含苞欲放或刚刚开放的食用鲜花经筛选后去掉花托，分开花瓣，加工处理为馅心，然后包上酥皮成型，烘烤冷却后为成品，鲜花饼的制作过程要求迅速，并及时上市出售，充分显示鲜花饼的幽香和鲜美。

鲜花饼的原料、工艺在保持优良传统的基础上进行技改创新，鲜花规模化种植，第一生产车间放于优良的生态环境，原料出自于高原的雪域鲜花，丰富的食用鲜花资源在产花期进行冷藏处理，保证鲜花的纯、鲜、净、香、美。保证长年原料与产花期一样的品质，采用先进的物理方法灭菌，自然延长产品的保质期，长年保持白嫩洁净，香甜酥软，花瓣可辨，香气宜人的品质。

步瀛斋手工鞋

获奖单位：北京步瀛斋鞋帽有限责任公司
设计作者：樊竹顺

牛坑元皮男单鞋复古款式皮鞋是纯皮面皮底纯手工制作，采用传承 155 年的老北京布鞋传统的“反绱”工艺，将整块牛皮鞋底与牛皮鞋面缝制在一起，非常结实耐穿。面采用上好的头层牛皮制作。透气、吸汗、养脚。鞋底是纯牛皮配一层牛筋耐磨层。行走时舒适而且富有弹性。脚与鞋可以同步呼吸。

步瀛斋女鞋绣花鞋制作过程为完全纯手工制作。面采用纯天然冲服呢布料，透气、养脚。鞋头绣成盛开的牡丹花。作为我国的传统名花，牡丹自古就被寄予了富贵吉祥、繁荣昌盛的含义。寓意穿者雍容典雅、富贵祥和。鞋底为纯棉布、棉麻制绳，每平方厘米纳制不少于 80-100 针。鞋底前部和后部贴牛筋橡胶耐磨层，具有防滑耐磨功能。鞋的中间部分透气、养脚吸汗。

婚庆礼服——龙章、凤姿

获奖单位：北京瑞蚨祥绸布店有限责任公司
设计作者：瑞蚨祥非遗技艺保护工作室

《凤姿》设计灵感来源于凤凰舞动的生动的姿态，比喻女性高雅的姿态，突出女性柔美的天性。将瑞蚨祥传统旗袍手工工艺与时尚相结合，赋予了《凤姿》更美的设计风采，同时结合中国传统京绣、打籽绣、盘金绣等刺绣工艺。

结合当前时尚流行趋势，创意设计一套以婚庆为主题的系列服装，将传统格格装进行创意设计，形成对称的设计特点，同时结合绿色环保，用天然的蚕丝面料为主要创意面料，将天然的棉线盘成金线进行缝制；结合民族传统婚嫁习俗文化，创意设计富贵牡丹、双喜、团凤、祥云、蝴蝶、石榴图案等吉祥图案作为点缀。

《龙章》服装设计灵感来源于飞舞的蛟龙，展现男士蛟龙的文采。与《凤姿》形成统一，龙章凤姿寓意着蛟龙的文采，凤凰的姿态，风采出众。

《龙章》服装设计将西装的设计特点与中式立领唐装的设计特点相结合，运用中国传统手工盘扣，盘制传统一字扣。用中国传统天然的蚕丝面料为主要面料，定织、定染，用民族回字纹作为面料暗纹，用天然的棉线盘成金线，盘制金色彩龙，布满全身，同时盘制龙珠，金龙戏珠，活灵活现。

卡通财神爷公仔香囊

获奖单位：上海雷允上药业西区有限公司
设计作者：上海雷允上药业西区有限公司

香囊俗称“香袋”，多以色彩鲜明的丝织物缝制而成。雷允上传统香囊内装特选白芷、艾叶、辛夷、薄荷、冰片等天然中药香料，以药物之味，经口鼻吸入，使经脉大通，开窍醒神、化湿醒脾、辟秽悦神，而蛇虫闻之远遁，既减少了传染源，又起到驱虫防病、清爽神志的作用。招财进宝香囊确定时尚卡通公仔为开发方向，对传统财神爷形象立体化，解决传统香囊立体化问题，辅以更加卡通可爱的造型。卡通财神爷公仔香囊采用具有浓郁传统韵味的红色锦缎唐装，其面部采用可爱公仔形象，内装经典天然中药香料配方，时尚而不失传统。大小两款卡通财神爷公仔香袋定位礼品装和自用装成为送礼佳品。

“马上有福”笔筒及叶形果盘系列

获奖单位：北京市珐琅厂有限责任公司
设计作者：钟连盛　傅志

“马上有福”笔筒的作品，用现代的装饰表现形式和传统的景泰蓝制作工艺，体现了传统与现代的完美结合，色彩以暖色为主，烘托了热烈、喜庆、吉祥的主题。

叶形果盘系列：选取了四种北方最常见的秋叶和夏末的荷叶为原型作设计。夏末是荷叶更加丰厚硕大的时候，而当秋季到来时，粼粼金色的银杏叶，紫红丰满的梧桐叶，多变美丽的梧桐叶和火红热烈的枫树叶也相继登场。秋天丰满的果实承装在叶色丰富的秋叶上。秋叶、秋实相应成趣，更好地融入北京秋高气爽的环境中。叶形果盘系列，采取錾胎技法作铜胎，将叶襟叶脉的纹路手工錾刻出来。然后大面积的晕色施釉，完美表现了秋叶的色彩。

抹茶物语 cream / 焙茶之恋 cream

获奖单位：北京吴裕泰茶业股份有限公司
设计作者：北京吴裕泰茶业股份有限公司

随着茶衍生品市场的火热， 各种抹茶，茉莉花茶，红茶等衍生品脱颖而出。吴裕泰精选优质的茶粉，奶油，食材等。为顾客提供健康，绿色，质量有保障的食品。

“抹茶物语 cream”：外形清新淡雅，浓浓的奶香味与清新的抹茶相遇，配出来的浓郁甜美气息，蕴藏着甜蜜浪漫的温馨情怀，抹茶香气四溢，清新淡雅，甜松软绵，入口即化。“焙茶之恋 cream”：深沉的黑咖色，浓浓的奶香味与浓郁的焙茶相搭配出来的浓郁神秘气息，蕴藏着低调而奢华的口感，焙茶香气四溢，口感绵密松软，回味无穷。不但令爱茶者得到更广泛的选择，也吸引着年轻的一代消费者。

汉鎏金翼虎镇

获奖单位：陕西西北金行有限责任公司
设计作者：胡佰平

“汉鎏金翼虎镇”全器颀长雄健，形态生动，纹饰流畅，工艺精湛，特别是翼虎的双眼，红光熠熠，豪放劲勇之势透体而出，神秘莫测。镇常作成各种蜷曲的吉祥动物造型，这件镇形似虎、似豹，背刻双翼，有避邪的功能。

威猛、劲勇的虎让人又惧又爱。它是威权的象征，调动全国兵马的虎符可以夺国、破城；它也是奸邪的克星。流行于民间的虎镇，由国器而成为安家镇宅、辟邪迎祥之物。带着翅膀的翼虎，匍匐逡巡，宛如天降之灵瑞，令人望之神定。符合当今社会人们对成功的渴望，包含了“如虎添翼”的美好愿望。西北金行积极挖掘陕西的历史，用文物和贵金属的完美结合来推广陕西文化。

礼服镶嵌

获奖单位：北京隆庆祥服饰有限公司
设计作者：北京隆庆祥服饰有限公司

服装采用丝与羊毛结合的面料，自然大气与滑爽细腻相结合，正如男性大气中又不失细节的高贵品质一样，也彰显出隆庆祥品牌的精神内涵与中华文化的延续。

中世纪宫廷华丽提花注入神秘东方色彩，经过工艺的镶嵌，高档的真丝羊毛面料运用在挺括的礼服款式上，渲染出复古的奢华追求。

中华立领承载着大中华对着装的一种文化，一种礼仪，一份民族自豪感，是我国服饰的代表。此款应用中山装的廓型进行了改良创新，挺括的立领，增加庄重感，兜位利用分割线巧妙的形成，灵活平整，体现设计者的独具匠心，中世纪宫廷提花融入东方色彩，演绎中西文化的交流。

铜

吉祥项圈锁

获奖单位：云南通海民族银饰制品有限公司
设计作者：马维凯

这款百家锁采用了项圈与百家锁的结合，更有纪念意义与文化价值。项圈的锁头处刻有的是龙之五子的狻猊，瑞兽叶形狮头，乳眼突出。瑞兽身上还细刻蝙蝠，因“蝠”与“福”谐音，所以蝙蝠象征幸福。

百家锁的链身辅件是镂空祥云，祥云的制作工艺极其考究，祥云下坠的是祥果——石榴，有多子多福美丽愿景。百家锁坠的主件是刻有“进军、四化”百家锁。“四化”的本质，化禄受欢迎可进财禄，化权有责任感可有权威，化科口才能力好名声大，化忌则能力缺失被妒忌贬低。“进军”即为向着“四化”靠近。百家锁的底下坠有三个祥果——寿桃，有长命百岁的美丽愿景。作品可见工匠深厚的文化功底和精湛的技法。

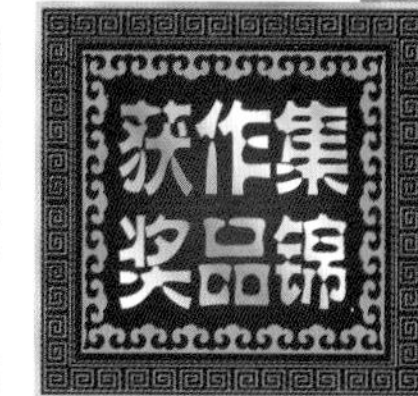

西西·安安

获奖单位：陕西西北金行有限责任公司
设计作者：李向宇

“西西·安安”卡通形象既饱含古典文化底蕴，又传达了人们对爱情的坚贞、对美好幸福的向往。

情比金坚——黄金版喜事娃娃“西西·安安”采用了最新3D硬金技术，使得“西西·安安”能达到历久弥新之效，映衬情比金坚之寓意。

非凡意义——西西和安安的创作原型来自于西安博物院的唐仕女和兵马俑博物院的跪射俑，蕴含深厚的古典文化意义，经过创新与设计，它们被赋予忠贞、坚守、幸福的正能量价值观。

“西西”和“安安”既向人们传递了积极快乐、忠贞守信的爱情价值观，也是西安城市形象可爱的代言人。金饰的设计开发找到陕西文物和文化创意的结合点，让悠久的历史文化结合当代人的精神需求，通过文化创意让文物有了新的生命，让文化产品更有价值。

长安八景银章套装

获奖单位：陕西西北金行有限责任公司
设计作者：胡佰平

西北金行倾力打造《创意陕西长安八景银章套装》，产品以西安为题材，以至纯白银为载体，巧妙运用借景手法将“华岳仙掌、骊山晚照、灞柳风雪、曲江流饮、雁塔晨钟、咸阳古渡、草堂烟雾和太白积雪”这长安八景精雕细琢，并将古城长安碧水、青山、古树、花木、建筑等沧桑而富于趣味的意境完美呈现在贵金属上。整个产品以拼接成环的八枚扇形银章与中间的银章交相呼应，以此展示博大精深的陕西文化，是一款值得您永久收藏的贵金属佳品，展现了陕西西安城市风貌与文化底蕴。

如意头围腰链

获奖单位：云南通海民族银饰制品有限公司
设计作者：马维凯

云南是多民族的代表地，民族的文化中最值得一提的是美丽姑娘身边那些绿叶，集中表现为极具特色的腰带配件——围腰链。

银围腰链采用传统的手工工艺，扣链头是瑞兽蝙蝠，因“蝠”与“福”谐音，所以蝙蝠象征幸福。链身是银币与小花结成连环扣，经过精细的加工再接起来，更有圆圆满满、如花似玉的美丽愿景。腰带下垂吊的是小的银币，让姑娘在走动间不止听到姑娘银铃般的甜美笑声，更有清脆的银币碰撞声，悦耳且动人。

银围腰链还是云南当地青年男女的爱情信物。如果姑娘爱上小伙子以后，她就会把银围腰链送给小伙子，希望爱情犹如银围腰链一样闪光。

轮叶百合

获奖单位：恒源祥（集团）有限公司
设计作者：韩磊 励美丽 吴菊娣

毛线手工钩织的轮叶百合，是恒源祥集团绒线产业的创意产品，设计新颖独特，外观艳压群芳。毛线花层次分明，质感膨松，立体感强。其效果犹如一幅立体油画，令人赏心悦目，富有勃勃生机。绒线花不同于传统意义的平面钩花，其和谐的气韵，充分展示了花的神韵。

轮叶百合绒线花针法细腻，工艺精湛，丰富的艺术气息，具有高雅的文化内涵，在家里摆放，可时刻感受到文化艺术的熏陶；色泽柔和，容易打理，不变色，不老化。还具有不变形，不褪色，弹性良好，对人体没有任何危害等特点。特别适合于家庭、宾馆和会议室等高雅场所的摆设，也是时尚的送礼佳品。展现了馈赠礼品的亲和性、唯一性和永久性。

四季茶礼盒

获奖单位：北京吴裕泰茶业股份有限公司
设计作者：北京吴裕泰茶业股份有限公司

吴裕泰推出“春饮茉莉夏饮绿秋饮乌龙冬红茶”的四季饮茶概念，该产品是2014年APEC会议指定赞助礼品。

四季茶礼盒将老北京文化渲染得淋漓尽致。礼盒正中间还印有“老北京京味茶”的印戳，处处细节难掩老北京文化。在保有传统文化的基础上，又将内置产品安排得符合现代人们养生保健的心理诉求。通过四季茶礼盒的馈赠，从而让喝茶人品味老北京安逸身心的生活情境，感受老北京文化。

昌隆宝盒

获奖单位：北京菜市口百货股份有限公司
设计作者：菜百设计团队

昌隆宝盒包装礼盒突出便捷性和产品展示，兼顾功能性和安全设计。将传统外包纸盒改良为开口式设计，最大限度方便顾客对内包装盒一目了然。根据每年生肖加入了不同动物皮纹元素宜时应景。将内包装盒设计改为深开口盒盖，打开后商品全貌完整展现，极具视觉冲击力。内包装盒内置海绵减震层，配合玻璃遮罩，确保商品安全。

金属质感的棕色外观由牛皮纸制成，低调奢华。不同材质制成的动物纹路，配合金质生肖篆书及企业烫金 logo，极具美感。内衬加厚，兼具抗震防潮功能。生肖元素从产品延伸到包装，文字作为包装上的点睛之笔。篆书古朴苍劲，风格厚重，将几千年的东方底蕴展现得一览无余。

福寿三多系列粉盒

获奖单位：北京市珐琅厂有限责任公司
设计作者：钟连盛 左红

《福寿》和《牡丹山茶》景泰蓝茶罐，甄选景泰蓝经典“西瓜罐”造型，浑圆又不失形体，不论拿在手上细赏，还是摆在茶几案头远观，都能体现它的可爱之处。“百花图案”搭配“福寿”二字，寓意美好。茶叶罐通体无铅用釉，绿色环保，无毒无害。打开了景泰蓝与食品包装间的关系，使景泰蓝的用途更贴近生活。

《福寿三多》套盒曾是专供宫廷嫔妃装胭脂粉的粉盒或首饰盒。古代常以“三多”作祝颂之词，典故源于《庄子 · 外篇 天地》：尧观于华封，华封人祝曰：“使圣人寿，使圣人福，使圣人多男子。”民间后以佛手柑与福字谐音而寓意“福”，以桃子多寿而谐意“寿”。

仙源腐乳之古运红方

获奖单位：北京仙源食品酿造有限公司
设计作者：赵艳杰

“仙源腐乳”，质地细腻，芳香扑鼻。外包装瓷坛为景德镇工艺陶瓷，瓷质细腻，便于发酵，瓷釉均为食品级瓷釉，经过 1400 度高温烧制而成，瓷坛正面为南方的乌篷船，体现仙源历史，背面松阳先生为公司题词“荡荡运河水、浓浓仙源情”是企业文化之一。坛底为公司 LOGO 标。设计理念突出环保，腐乳食用完毕后腐乳坛可以作工艺品摆放，或者盛放茶叶等使用，瓷坛高 12 厘米，直径 10 厘米。外包装为小竹篮，长 36 厘米、宽 26 厘米、高 26 厘米，简约复古、轻便、物美价廉，与瓷坛搭配相得益彰。产品定位是旅游商品、地方特色礼品，随着大运河的申遗成功，仙源腐乳既是依托大运河的产物，又是通州三宝之一。

茶典瓷瓶礼盒——贡茶礼盒

获奖单位：苏州市东山茶厂
设计作者：苏州市东山茶厂设计部

苏州市东山茶厂“贡茶礼盒”，由古典花纹牛皮纸印制，传统古朴、绿色环保；侧面印制唐代茶圣陆羽撰写的《茶经》及古代茶具茶器，体现了中国茶文化的悠久历史；正面以圆形中国红色块加烫金碧螺品牌标识，直指主题，不拖泥带水；黑色的腰边体现了礼盒高雅古典；右上角印制的“中国茗茶”突出中国十大名茶——洞庭山碧螺春茶的品质。礼盒内配以特制骨瓷将军罐，造型挺拔宏伟，洁白如玉。将军罐源于明末清初，盛行于清代康、乾时期，与苏州市东山茶厂始创清乾隆时期的历史相吻合。贡茶礼盒以土豪金为主色调，着重展现皇家的大气与高贵，简洁明朗的设计风格，与碧螺春茶本质一样鲜爽、纯雅，沁人心脾。

曹素功墨汁系列包装

获奖单位：上海周虎臣曹素功笔墨有限公司
设计作者：上海周虎臣曹素功笔墨有限公司

在设计中通过书画艺术诠释产品功能特点，呈现出高雅的艺术效果。曹素功墨汁系列产品包装前后对称一致，强化受众的视觉印象。

包装底图根据产品功能性选择不同的书画作品。曹素功 LOGO 烫金印制。突显品牌优势，营造品牌的历史文化积淀。

产品名称字体由书法名家书写。具有独一性，增强设计的文化元素。

包装底图采用不同的书画作品。增强包装设计的艺术感，较好地诠释产品在书画艺术中的功能体现。色彩以紫玉光墨色为主色调。隐喻曹素功墨品墨色黝黑亮润，含紫玉光色，展现曹素功品牌的品质。设计中加入红色“中华老字号标志”LOGO，明示曹素功为老字号品牌。

吉祥三宝

获奖单位：广州王老吉大健康产业有限公司
设计作者：广州王老吉大健康产业有限公司

王老吉红罐外观为易拉罐包装，以鲜艳的红色为底，金色“王老吉”大字镶嵌，既醒目，又有古典中国元素，具有强烈的视觉冲击效果。以红色“着装”展现于人，显得高档、时尚，能满足中国人的礼仪需求，可作为朋友聚会、宴请等社交场合饮用的饮料；黄色文字“王老吉”——粤语“王”“黄”不分，通过谐音联系，再次强调了品牌认知的暗示，也带出了金字招牌的品牌品质联想。

王老吉凉茶先后成功推出 500 毫升装和 1.5 升瓶装，以及“吉祥三宝”包装：固体凉茶、低糖凉茶和无糖凉茶，开创了凉茶产品新形态。在 2014 年 6 月世界杯期间又推出“王老吉世界杯纪念罐”受到市场追捧。

优裔系列产品包装

获奖单位：广东燕塘乳业股份有限公司
设计作者：冯立科 王丹

产品定位高端，面向注重营养和健康、追求高品质生活的社会精英人群。产品包装端庄，有品位，给人以高品质和安全值得信赖感。

以皇家旗帜为记忆进行设计，旗帜上奶滴呈现皇冠形，赋予产品贵族气质，优越沉淀其中。侧面的品牌故事，将产品的源远流长娓娓道来，增加了产品的内涵。

正面火印漆标志，传递给消费者安全、值得依赖的信息。并将产品的卖点更直观地展现给消费者。背面 3 重尊属标准，缔造优异品质，高贵跃然而见。红色——纯正、高品 ；蓝色——智慧、科技 。两种奶品分别采用红、蓝色，档次高雅，适应不同的货架摆放，填补了燕塘高端奶的空缺，极大地提升燕塘乳业的品牌包装形象。

兔儿爷贺中秋

获奖单位：北京东来顺集团有限责任公司
设计作者：何伟

以中国老北京兔儿爷形象为设计主题，以老北京市井为背景，突出东来顺以传统文化为核心的设计理念。包装显著位置突出清真标准及“东来顺”字样。近年来市场上月饼品种丰富多样，但清真月饼数量有限。东来顺清真月饼的包装有明显的清真标识，顾客在购买时可一目了然，方便选购。

婚庆文化创意系列

获奖单位：北京市紫房子婚庆有限公司
设计作者：张兰英　肖丹

“紫房子”创于 1934 年，创始人郁炽昌先生，民国中期就以引进西式婚礼文化、开婚庆新风之先而享誉国内。

1990 年紫房子重张，再以移风易俗、开创中西合璧式婚礼而名扬海内外。主办全国首次婚姻服务研讨会。协办中外婚礼文化交流活动。参与制定工商局颁布的《北京市婚礼服务合同》。首创婚庆信息化系统。践行“北京精神”。紫房子举办的婚庆典礼和社会活动影响巨大：天安门劳模婚典、大会堂集体婚礼；国旗下婚礼、打工妹婚礼；煤矿工人婚礼、春晚直播婚礼；三亚国际婚礼节、新加波海上婚礼；聋哑人婚礼、老红军婚典；飞越黄河婚礼、盲人补办婚礼；长城婚礼、空中婚礼；首届婚博会、主持人大赛；平安大街开街、2007 年《春之歌》、《身边真爱》婚典、《我们的奥运》集体婚礼等已载入史册。

紫房子是我国婚俗礼仪行业中唯一的“中华老字号”，它还是“全国婚庆服务行业示范单位”。“中西合璧”是紫房子一以贯之的婚俗理念。紫房子开创的“中西合璧”式婚礼模式至今广泛沿用。

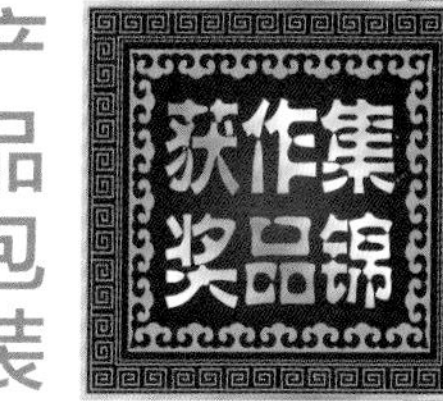

1684 精品酱油包装

获奖单位：昆明拓东调味食品有限公司
设计作者：马维东

1684 精品酱油，采用日本酿造酱油生产工艺技术生产，发酵周期 12 个月，产品色泽棕红、味美醇厚、酱香浓郁、酯香突出、鲜中带咸，产品明显具有豆豉清香，无任何添加剂，纯酿造、原汁原味产品。产品主要是面向高端客户群，包装上突破了传统调味品的设计，采用了高档红酒的外观设计，为保持开封后产品的风味不变，瓶盖采用木塞设计，为表现“永香斋”这一品牌的历史久远。包装盒采用了木盒礼盒的包装设计，并在木盒上刻有文字说明，整款产品外形高档、精典、古香古色，是目前调味品市场上从产品品质到外包设计上都屈指可数的产品。

重阳供奉礼盒

获奖单位：北京仁和酒业有限责任公司

设计作者：万宇（万宇包装设计研究室）

重阳供奉礼盒包装设计以宫廷文化为指导思想，极力彰显出王者之尊的高贵风格，所装产品菊花白酒为清同治年间重阳节宫廷专用酒，包装与酒的完美结合，衬托出酒的尊贵和大气。

礼盒以宫廷黄和宫廷蓝为主色调，内用灰色纸板，外用铜版纸丝网印刷 UV 上光。盒盖以黄色打底，蓝色瓶形镶嵌中央，正中央是产品名称，略突出蓝色部分。底盒以黄色为底座，蓝色盒体内置，比底座稍小，盒盖和底盒紧扣，两侧配金色龙头扣为开启方式，盒体中间露出约 2 厘米的蓝色。盒身中间用蓝色宋体字介绍菊花白酒的历史背景，两种颜色搭配，黄色背景衬托出字体的清秀与流畅，给人飘忽灵动的视觉感，赋予了盒体生命力。

内包装以黄色丝料为背景，酒瓶居中央，蓝色丝带紧系瓶身，水晶质酒具分居左右两侧。酒瓶整体形似天坛，采用传统的陶瓷工艺制成，瓶盖是以杭白菊为模形，与“菊花白酒”的名字相吻合，暗示产品中所加药材以杭白菊为主。整个布局中，酒瓶代表王者，水晶质酒具代表文武百官。酒瓶居中央，酒具分散两侧，代表百鸟朝凤、君臣佐使的意义。

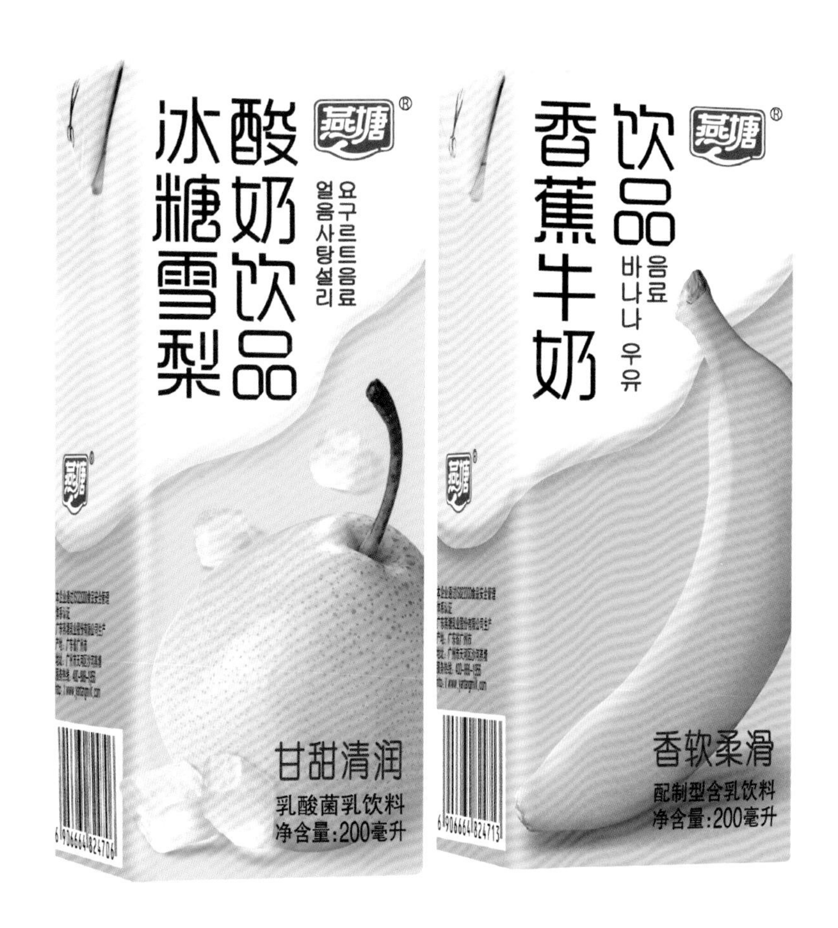

冰糖雪梨酸奶 / 香焦牛奶饮品包装

获奖单位：广东燕塘乳业股份有限公司
设计作者：冯立科　王丹

牛奶饮品作为日常营养食品，其包装应单纯、直观、富有亲切感，以给消费者绿色健康的产品印象。

形式与内容表里如一，具体鲜明，一看包装即可知晓产品本身。

充分展示产品。用流动的牛奶和形象逼真的水果图片表现产品的色、味、型，使产品生动有活力，引起消费者食欲感。强调产品的形象色。该产品包装上身是流动的牛奶，下身是水果照片，以水果的颜色为基础色调。版面划分明显，色彩搭配醒目，使消费者联想到水果牛奶饮品的清甜香浓。

突破了燕塘原有产品统一色调的包装，颜色更清新亮丽，摒弃繁琐的表现形式，简洁时尚大方。

老北京茶系列礼盒

获奖单位：北京二商京华茶业有限公司
设计作者：李逢亮

老北京小叶花茶礼盒采用中国传统最喜庆的大红色为主色调，小小的一个茶盒浓缩了：老北京市井的吹拉弹唱及各种买卖；并把老北京与喝茶进行了完美地呈现。

老北京风情礼盒采用中国传统最喜庆的大红色为主色调，小小的一个茶盒浓缩了：茶的起源；茶的种类；茶的作用；并把茶文化与老北京文化融为一体，并且添加了中国传统戏曲艺术元素，有机地将三种文化结合于一身，体现了中国茶文化与其他文化相结合的深厚底蕴。设计目的：茶与文化完美的结合，更好地传播中国茶文化。

“回味”广式月饼包装礼盒

获奖单位：北京稻香村食品有限责任公司
设计作者：北京稻香村食品有限责任公司

月饼包装礼盒盒盖正面图案融入了传统文化元素：大红菱形门票居中，以多种传统民俗物件的小图形为底，包括了风筝、空竹、灯笼等经典传统文化形象，还包含了太和殿、祈年殿、兔爷和京剧脸谱等具有北京特色的文化形象，体现了传统文化和地域文化特征。

大红菱形门票是中国传统点心的经典包装形式，从中“回味”中国传统食品文化的魅力。设计了圆形图案轮廓，代表礼盒中的月饼和天上的明月，也代表了“阖家团圆”的传统文化理念。圆形轮廓上部是中国传统园林的漫画景象，下部图案则展示了古代中秋节月饼售卖的场景。圆形轮廓的下部还有“回味”两个烫金字，并有“八月拾伍”的印章，展示了中国书法和篆刻艺术的魅力。

底部盒身上半部为金黄色，下半部为红色，符合中国皇家园林“金瓦红墙”的建筑风格，内部为金黄色纸质内衬，被分隔均匀摆放四个同体积内包装盒，内包装盒与外包装盒外观设计保持一致。

“老北京味道博物馆”果脯 & 干果系列

获奖单位：北京红螺食品有限公司
设计作者：北京红螺食品有限公司

如今舌尖味道博物馆已成为时尚，北京红螺食品有限公司的作品设计正是源于此种灵感。

北京果脯是北京的传统小吃，历史年代久远，在老北京美食里具有典型代表性。小包装的果脯 & 产品使用精选的红螺贡脯，体积小口味多，口口精品。把红螺精工制作的果脯，装进精致的小包装纸质盒里，就像浓缩成精华的老北京味道的博物馆，产品承载着老北京的悠久的历史与浓厚的文化。食客享用后有意犹未尽的感觉，吃到的不仅是产品，还找回了过去记忆中的那份对果脯的乐趣。同时纸质包装轻便、环保，深受广大消费者的喜爱。这件参赛作品在 2014 第十一届“北京礼物”旅游商品大赛中，荣获北京老字号赛区银奖。

“荣记三民斋”合川桃片

获奖单位：重庆市荣记桃片有限公司
设计作者：石成林

“荣记三民斋”合川桃片属合川老牌名土特产。在桃片生产中，秉承传统工艺手工操作，保护巴渝古文化特色。“荣记三民斋”桃片是县志记载的合川三代传承做桃片的世家，难能可贵的精神早已融入到桃片的制作中。

设计以包装为载体，让更多的人了解桃片的历史、文化、工艺，运用了很多形象的原创插画，图文并茂，暖黄色的怀旧底纹，让人们感知“荣记三民斋”漫长的历史文化，中间鲜艳的块色，犹如笔刷般叠加在怀旧底纹上，寓意着古今文化的融合与传承。不同的鲜艳的颜色基调代表不同口味区分，在视觉上带来了亮眼的冲击。高品质印刷工艺，压纹、镭射让包装质感精美！

“肚兜”包装

获奖单位：上海古今内衣集团有限公司
设计作者：上海古今内衣集团有限公司

肚兜，以神秘的东方风韵和醇厚的东方文化为基础，巧借“内衣外穿”的欧风美雨，古今品牌的代表色红色作为主基色，弧形的曲线袋口犹如女性的锁骨，深 V 水滴型的镂空，充分勾勒出女性的妩媚与诱惑。金色内盒设计，采用现代的蕾丝花纹铺底，中西结合，完美融合“古”与“今”的视觉冲击。

设计采用信封抽取式的包装概念，肚兜产品将用心意卡纸固定后塞入信封，寄寓古今对于礼品接收者的美好祝愿。吉祥繁复的花边工艺，在闪钻的辉映下更为提升质感与品位，婉约柔和的曲线与闪钻仿佛讲述这一个优雅知性女性的传奇故事……

古今 VI 辅助图形爱心的运用，充分宣传了礼品概念的心意表达。

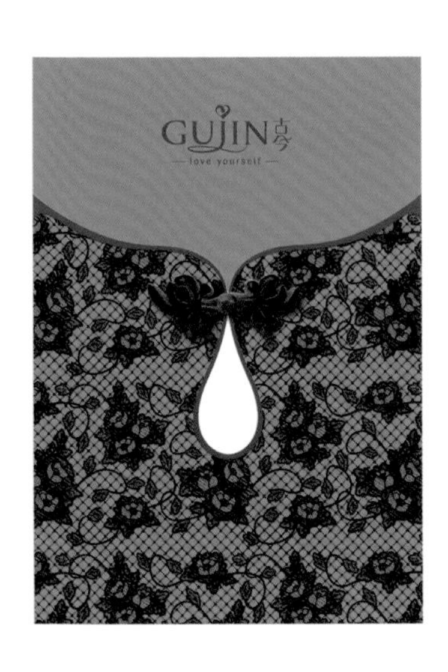

叶同仁百岁酒

获奖单位：温州叶同仁控股有限公司
设计作者：温州叶同仁控股有限公司

叶同仁百岁酒始于1670年，清康熙九年由永嘉郡西门叶同仁药铺秘制的药酒，当时叶同仁药酒以独特舒爽口感和祛病补身的功能，盛行于永嘉民间，得到老百姓的喜爱。

整体包装以喜庆传统文化的方式表达美好的祝愿，百岁酒设计运用长命锁作为百岁酒LOGO，寓意最美好的祝福凝固在“长命锁”上，并添加了趣味性、喜庆感和吉祥感。瓶型运用了葫芦型，增强了童趣感。运用寿星桃、百子迎福图等作为设计辅助元素，突出“百字”含有大或者无穷的意思，把祝福、恭贺的良好愿望发挥到了一种极致的状态。

“红螺塔影”果脯系列

获奖单位：北京红螺食品有限公司
设计作者：北京红螺食品有限公司

红螺寺中宝塔众多，宝塔也是吉祥的象征。用半透明 PVC 制成“小包袱”，将果脯放入其中，再将 7 个小包袱叠成宝塔，用绳穿起，如同古时过年从点心铺提出的点心包，一串点心包的数量越多，显示家庭富足。包装从环保角度出发，用设计打动消费者，降低包装成本，用与众不同的造型符号，让红螺贡脯系列产品成为节日中独特的风景。

将果脯包装设计为鲜果的色彩，用亚麻布袋装以鲜果造型的果脯包装，用生动的形象描绘采摘鲜果的景象。旨在能够增加视觉感受，调动消费者多方面感官享受产品。

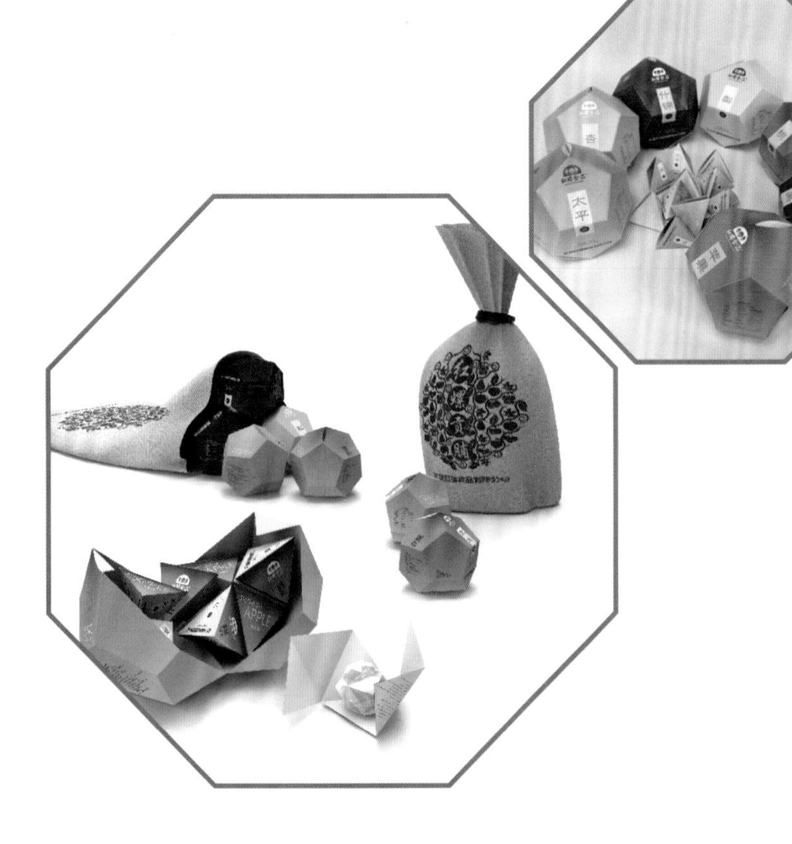